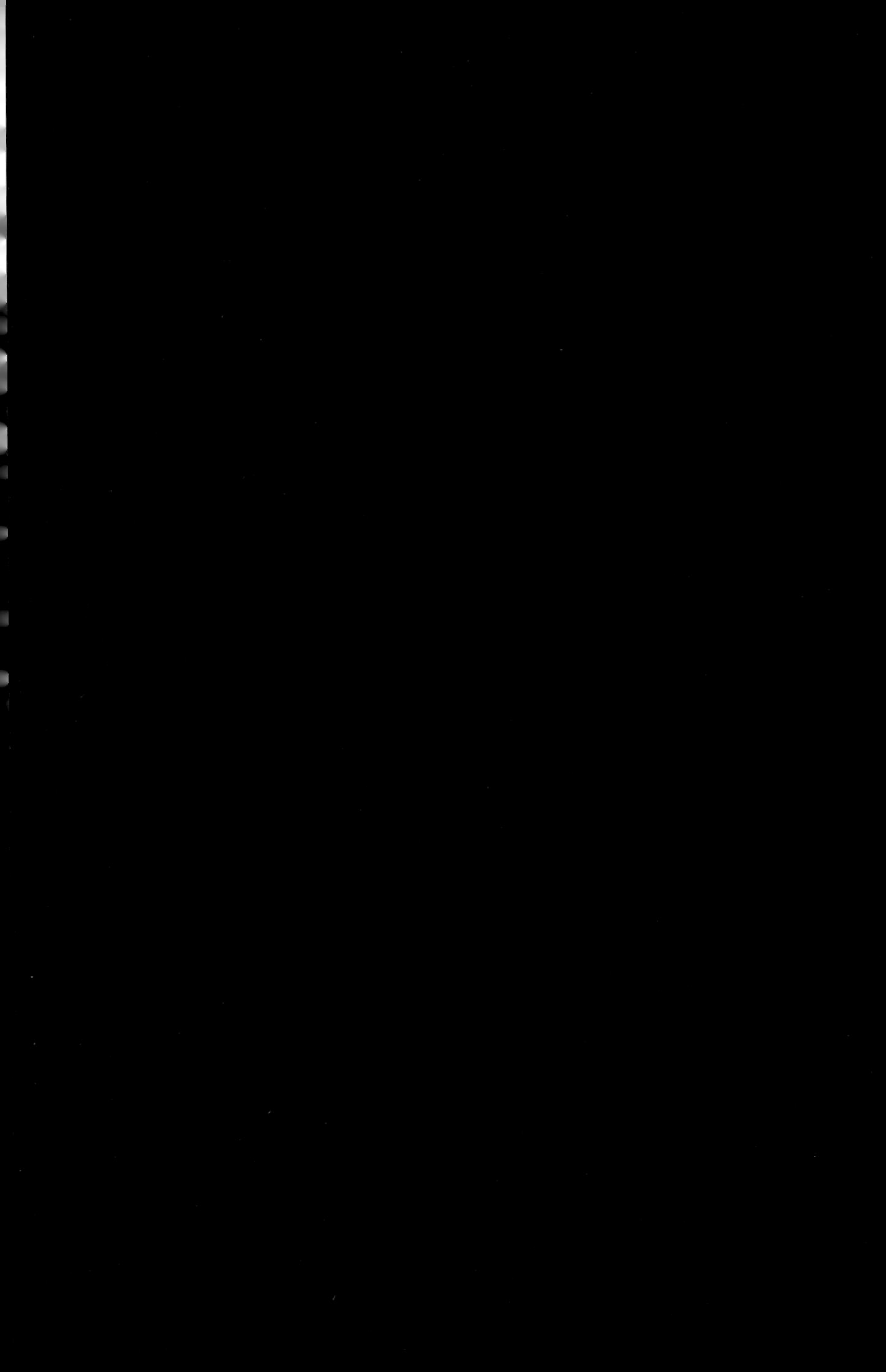

チンパンジー｜ウガンダ

コヨーテ｜アメリカ

ケツァール｜コスタリカ

ベンガルタイガー｜インド

ライオン｜ケニア

動物写真家という仕事

目次

第三章

日本の野生 101

第四章

大型類人猿を追って 143

第五章

この先の未来へ 185

オグロヌー｜ケニア

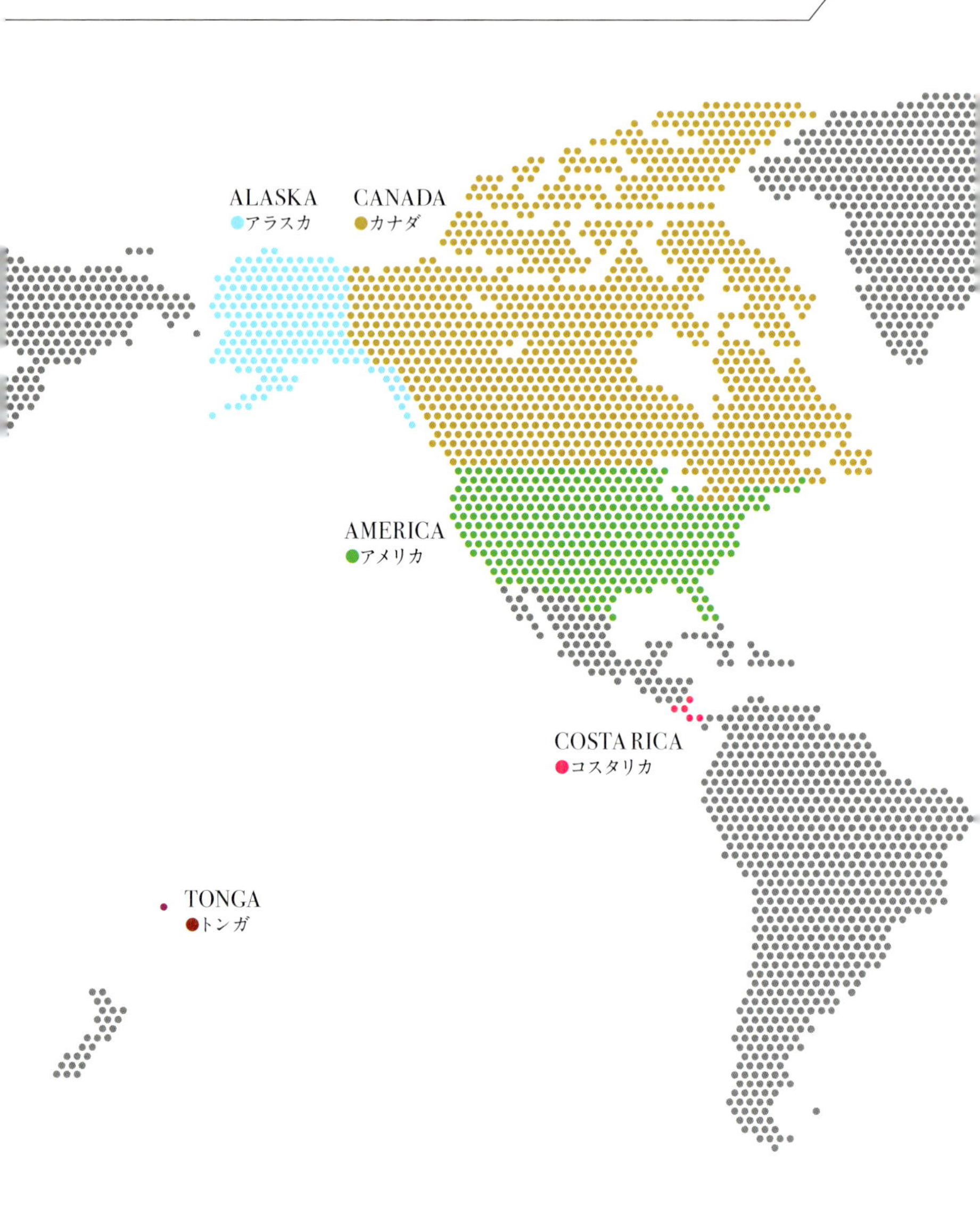
ALASKA
アラスカ
CANADA
カナダ
AMERICA
アメリカ
COSTA RICA
コスタリカ
TONGA
トンガ

SHOOTING LOCATION

撮影地

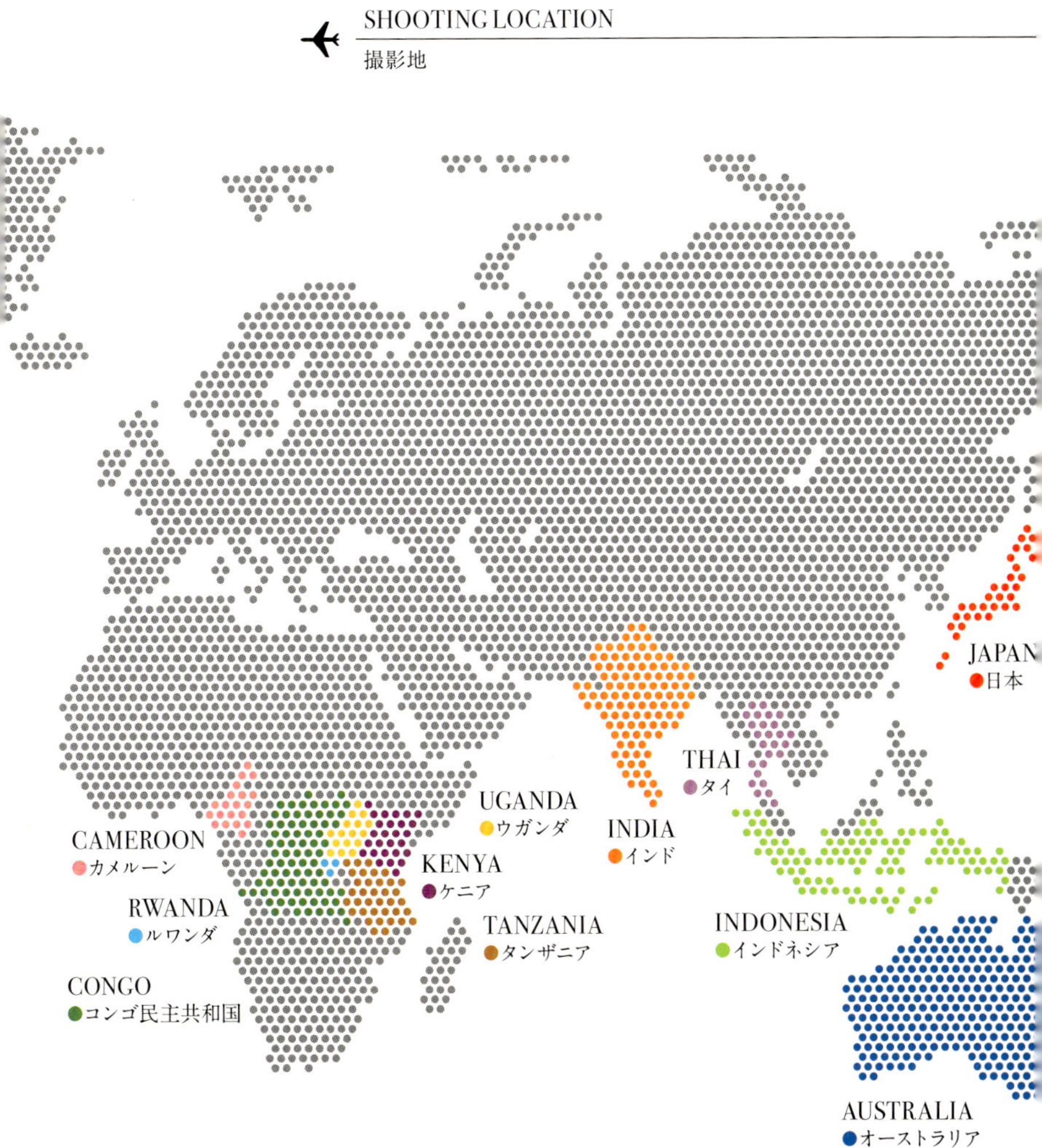

ホッキョクグマ｜カナダ

第一章

写真家を志して

記憶のなかにあるこの世界は、けっして無味乾燥で厭世観に満ちたものなどではなく、温かく甘美な現実そのもの。子ども同士の間では、残酷なやりとりがときどき行われもしたが、そうした出来事を親身に癒そうとしてくれる大人のなかにいたことにも恵まれた。彼らが僕の幼い心にのしかかろうとする重圧を、取り除くまでいかなくとも軽減してくれたのだろう。

紛争や極端な貧困の無い時代であるのも幸いした。親や学校の教師、駄菓子屋や文房具店などの近所の大人、友だちの親、喜んで手伝った祭りのテキ屋などとの交流を通し、少しずつ世界の仕組みを知るようになるのだが、守られるべき幼い子どもといえども、いい加減な生き方をしている大人や、感情にまかせて怒鳴りつける教師を、やるせない気持ちで即座に認識する能力は持ち合わせていた。放り出されたばかりの、この世の処世術を知らないだけなのだ。

時の流れとともに、子どもの頃はあるがままに見えていた光景に、くすみを生じるようになった。成長するにつれて蓄積された、常識やルールや葛藤や心の傷といったフィルターを通すようになったからだ。何かをしなければならないとだけは漠然と思っていたが、何をするべきかはさっぱり分からない。ただ、こなすだけのことをして、友人とバカ騒ぎをし、音に溺れ、バイクで飛ばす、一瞬の高揚感に浸る安いリスクで気を紛らわすだけの悶々(もんもん)とした日々を過ごしながら、いつか降りてくるはずの衝撃的なひらめきを、面倒なことから逃避しつつ、ひたすら待っていた。

そうした日々が無意味だったとは思わない。むしろ不可欠な時間だったとさえ思っている。その頃よく、海に沈む夕日を眺め、海岸で寝転び、夜更けまで星を見つめたりしていた。地球の表面にぴったりと張りつき、波の音につつまれながら宇宙空間に身をさらす感覚が面白かったのだ。

都会で生まれ育ったが、当時は今のように過度に開放的な感じではなく、近くの寺や公園には樹木が鬱蒼(うっそう)と生い茂り、子どもにとって十分な、樹々の作り出す闇があった。闇の内包する恐怖と太陽の光が渾然一体となって自然が輝いていることを、言葉ではなく、五感で感じとっていたのだと今にしてみれば思う。

夏休みにときどき訪れた渓谷の、瞬時に引きずり込まれてしまう深い淵の傍らで、冷たく澄んだ水の流れに身をひたした時の清々しい心地良さは、自然の素晴らしさを肌で感じた初期の記憶として刻まれている。

自然がいいと思った。

自然と関わって生きていけばなにかが分かるかもしれない。たとえ分からなくても、しかたがない。それ以外、僕の頭のなかにはなにも浮かんでこなかった。そう決めたとたん、窮屈だった胸のうちが大きく広がり、未知なる新しい世界への旅立ちに心が震えた。

写真を始めたばかりの26歳。北海道の礼文島を縦走したときのキャンプ。

テントを背負い、海や山や森に出かけるようになった。
目の眩(くら)む断崖絶壁の上で、大海原が奏でるうねりの音を初めて聴き、沈む夕日にたそがれ、高山の頂で地球の自転を感じた。満天の星の下で、時空をさまよう孤独に押しつぶされそうになり、なす術もなく夜が明けるのを待ちつづけた。闇夜に包まれた深い森のなかで、揺らめきはじける焚き火の炎がどれほど安心感を与えてくれるのかを知った。

樹や土塊(つちくれ)や潮の匂い、花の芳香、太陽の光と風、月の灯り、背中に伝わる大地の起伏、春の高揚や爽やかな秋、夜明けにざわめく鳥の群れ、耳にこだまするカエルの鳴き声、虫たちの狂宴響く炎熱や、息をひそめる極寒のすべてにワクワクし、みな魂に染み入った。

この心動かされる想いをどうにかしたい衝動にかられた。そのとき、子どもの頃から家にあった、ほとんど手の触れることのなかった古い一眼レフカメラに気がついた。

そうだ、写真を撮ればいいかもしれない。好きな時に好きな場所へ出かけ、感じた想いを写真にしてゆく。それは比類のない素晴らしいことのように思えた。

それまでこれっぽっちも興味を寄せることのなかったカメラを手にし、そのひらめきに従うことにした僕は自然のなかへと出かけ、ただやみくもに目の前の風景にシャッターを切っていった。

エンジニアをしていた僕は、仕事の合間に職場近くの図書館で写真集をたくさん見るようになった。野町和嘉(のまちかずよし)、長倉洋海(ながくらひろみ)、エルンスト・ハースといった写真家たちの、命がけのドキュメンタリー写真に強く惹かれた。彼らの写真から発せられる凄みに圧倒され、こんなことを仕事にしている飛び抜けた感覚と覚悟に魅了され、胸のうちからふつふつと灼熱（しゃくねつ）のマグマのようなものが沸き上がってきた。そして感動を呼ぶ写真を撮ることが写真家の使命だとしたら、写真家の本質はその生き様そのものなのだと思った。

憧れはするが、しかし表現するために紛争地帯などに行くのは、自分には到底無理だと思った。そもそも紛争地や戦地になどは行きたくないし、人の輪のなかに入りこんで写真を撮ることは、僕はどうしても気後れしてしまう。漠然とだが、やはり自然を相手にしていたかった。

写真家になると決意してエンジニアの仕事をやめた僕は偶然、ある避暑地で開催されていた星野道夫の写真展を観て、辺境の地で、野生動物を追いかけながら人生を送る姿に衝撃を受けた。自分が求めていたのはこれだと思った。

いてもたってもいられなくなった僕は、後日行われた講演会を訪れ、本人に話を聞き、その直感を確かにした。写真集にサインをもらい、別れ際に手を差し出すと、分厚い手のひらでしっかりと握り返してくれた。亡くなる三ヶ月前のことだった。

動物写真家の田中光常さんの事務所を訪ねた。

野生動物を追いかけ、写真家として一人前になるためにはどうしたらよいのか。自分なりにあれこれ考え、調べているうちに、田中光常さんのことを知ったのだ。この日本において、動物の写真を撮って仕事とすることなど、まだ一般的に認知されていないころからスタートした動物写真のパイオニアで、星野さんの師匠でもあり、後進の育成にも大きく貢献している。助手にしてもらうつもりで行ったのだが、最初は写真を見て欲しいとお願いした。初対面でいきなり助手にして下さいと言ったら、気持ち悪がられると思ったからだ。

光常先生は僕の写真を見るなり、「君の写真は十段階で言うと一か二だね」と言った。要はまるでなっていないということだ。そのコメントにことさら驚きはなく、きっとそうなのだろうと思った。「今は一か二かもしれませんが、これから勉強してうまくなりたいと思っています」、ぜひ助手にしてほしいと、断られても絶対に引き下がらない覚悟でお願いした。光常先生はしばらく思いを巡らしたあと、すでに助手がいるので雇えないが、今自分が参加しているグループの写真展を開催しているから、そこに行って手伝いをしてきなさいと言った。

つながりを持てたことに、それまで張り詰めていた心がフワッとほころび、これでもう助手にしてもらえたような晴れ晴れとした気分になった。そしてその足で早速会場に向か

田中光常先生(中央)の写真展にて。林田恒夫さん(左)と、来場者のスナップを撮る僕。

い、その日から毎日受付の手伝いをしはじめた。そうしたある日、光常先生が助手を連れて会場を訪れた。毎日来ていると知ったら少し驚いた様子だったが、ぐるっとひと周りして帰っていった。あとから知ったことだが、僕がちゃんとやっているかどうか、まわりの人に尋ねていたようだ。

それから半年が過ぎ、それまでの助手が辞めることになり、僕は念願が叶って光常先生の助手になった。助手の仕事はポジフィルムの整理や、顧客の希望に合わせて貸し出すための写真のセレクト、ポジのデュープ(複製)作りが主で、野生動物の撮影に同行することは、まったくといってよいほど無かった。それでも光常先生のそばで、動物写真家としての生き様を感じることができたのは、これ以上ないほど大きな学びとなった。光常先生は誰に対しても穏やかで人あたりの良い方だが、内に秘めた仕事に対する情熱や闘争心は並々ならぬものがあり、羊の皮をかぶった狼のような人だと思った。

助手になって一年程経ったころ、僕の前に助手をしていた野坂君と共に、アラスカを訪れた。クマの撮影を目的に、無数の島々からなる南東アラスカの海峡を、小型の船で旅をしたのだ。光常先生からは、まだ早いのではないかと言われたが、どうしても行ってみたいのでと懇願し、休みをもらった。

アラスカの州都であるジュノーに降り立ったとき、いよいよ本格的に動物写真家への道を進むのだという気概が満ちてきた。気分はすっかり一人前だ。ボートのキャプテンはリ

初めてのアラスカ。
遠くのクマを狙う。

ン・スクーラーという男で、自らもクマの撮影を行い、ブルーベアーという青みがかった毛色をしたブラックベアーの研究をしていた。ブラックベアーはシナモンやブルー、ホワイトなど、毛色の違う亜種が様々にいるのだ。星野さんとは友達で、よく一緒に旅をしたという。船に積んであるゾディアックという小型のゴムボートは、星野さんが提供してくれたものだと言っていた。このボートに乗り換えて、島の浜に上陸するのだ。

この旅で、生まれて初めて野生のクマを見た。最初にクマと目を合わせたとき、身体が痺(しび)れるような緊張感に包まれた。普段の生活では決して感じることのない、自然界の食物連鎖に組み込まれてしまった恐怖が、本能から湧き上がってきた。クマに近づくのは恐ろしかったが、迫力に満ちた写真を撮るという目的から逃げるわけにもいかず、無理やり恐怖を封じ込め、何度も何度も接近を試みシャッターを切った。

しまいには勢い余って近寄り過ぎて、リンに止められることもしばしばあった。それでもリンが、ライフルを持ってそばにいてくれたからできたことで、たった一人であったらどうなのだろうという不安は、最後まで消えなかった。

助手になって二年半が経ち、いよいよ独立することとなった。

その際に、しっかりとした取材を行い、その写真を携えて写真家として船出しようと考えた。写真家になるのに試験や資格は必要ない。自分は写真家だと心に決めるだけでいい。そういうところも僕は気に入っている。

取り組む被写体はもう決めていた。ホッキョクグマだ。

雪と氷の世界にすむ白いクマ。自分にとって最も難しい被写体はなんだろうと考えたとき、それはやはりクマだった。初めてのアラスカでクマに遭遇し、怖くて近づけなかったクマを撮らなければ、動物写真家として前に進むことはできない。そう考えた僕は、クマを最初のテーマとした。そして、クマの仲間で最も大きいホッキョクグマにチャレンジしようと決めたのだ。

でも近づくのが難しいからだけでクマを撮ろうと思った訳ではない。クマは確かに容易に近寄ることができないが、それでも人を惹きつけるいくつもの魅力に溢れ、もっと知りたいと思わせる。僕にとってクマの存在は、人の命など一瞬で奪い去る苛烈さを秘めながら、我々の命の源でもある大自然の象徴といえる生き物なのだ。

この取材は、きっと素晴らしい経験になるだろう。

助手のわずかな給料のほか、事務所に自転車で通うことで浮かせた定期代や、夜間のガソリンスタンドでのバイト代を蓄えた。しかしそんなものは微々たるもので、海外での取材などは夢のまた夢。行くことだけはしっかり決めたものの、その費用のあてなどまるで無かった。そのため多額の取材費はすべて、ありとあらゆる手段を駆使して借金をした。

ブラウンベアー｜アラスカ

ハクトウワシ｜アラスカ

カリブー｜アラスカ

カリブー｜アラスカ

第二章

極北の地で

氷原のホッキョクグマ

白く凍りついた滑走路に着陸した小ぶりな双発プロペラ機を降り立つと、薄手の服をすり抜けた寒気が、容赦なく肌を突き刺してくる。

カナダ・ハドソン湾の西岸の町チャーチル。人口千人にも満たない、小さなコロニーのような町だ。陸路の無いこの最果ての町から、ツンドラバギーと呼ぶ巨大な4輪駆動車に乗って、一日半ほど南下したところにケープチャーチルという場所がある。その名のとおり、海に面した岬だ。この岬周辺は、冬に向かうにつれハドソン湾のなかで最も早く結氷する地域で、晩秋のこの時期、たくさんのホッキョクグマが集まってくる。

彼らの主食はアザラシだが、海の氷が溶ける夏の間は狩りができず、6月上旬から11月下旬頃までは陸地に上がり、小型の哺乳類や鳥、卵、植物などを食べて飢えをしのいでいる。ようするに半年くらい、ずっとお腹がぺこぺこなのだ。一刻も早くアザラシ狩りをしたいホッキョクグマたちが、今か今かと海が結氷するのを、固唾（かたず）を飲んでここで待っているというわけだ。

僕はこのツンドラの原野に一ヶ月間滞在し、ホッキョクグマの撮影に取り組んだ。

滞在はバギーで引っ張ってきた寝台車や食堂車などを連結した、さながら月面基地のよ

カナダ・チャーチル。
町のメインストリート。

うなキャンプだ。もちろんひとりではなく、世界中から集まってきた人々との共同生活である。世界的に活躍している写真家も多く、僕は憧れの眼差しと、負けてなるものかというライバル心を抱きながら、でも皆と親しくなった。

この基地を拠点に、毎日撮影用のバギー車で移動をし、ホッキョクグマを探すのだ。人の背丈ほどもある大きなタイヤを履き、雪原を力強く突き進むバギーだが、ときには深い雪溜まりでタイヤが空転し、スタックして動けなくなり、救出してもらわなければならないほどの過酷な原野である。気温はマイナス20℃を大きく下回る。分厚いダウンのウェアや防寒ブーツ、耳あて付きの帽子などは、少々僕にはサイズが小さかったが、光常先生がすべて貸してくれた。

ホッキョクグマとの初めての邂逅（かいこう）は、想像とはかなり異なった。今思えば気恥ずかしいのだが、なんとなく、ふわふわとして可愛らしい、夢見がちなイメージを少なからずもっていた。しかし、目の前にしたホッキョクグマは、不気味に生々しく、荒っぽい。その醸し出す気配には、容易に近づくことを許さない確固としたものが宿っていた。なによりも、その瞳の奥に横たわる得体のしれない鈍い光に、知らず知らずに身構えてしまうのだ。まさに獣。それも当然だろう。クマの仲間というだけでなく、ホッキョクグマは地上最大の肉食獣である。

雄の体長が2・5〜3メートル、体重が500〜600キロにも達し、中には800キ

バギー車を連結したケープチャーチルのキャンプ。

ロを超す大物もいる。雌は雄より一回り小さく、体重は半分ほど。他のクマと違い、唯一氷の世界で生きる彼らは、ユニークな特徴をいくつか持っているが、その筆頭は、なんといっても全身を包む白い毛皮だろう。極寒に対応するため、美しい上毛の奥には柔らかな下毛が密集し、この毛は鼻の頭と足裏の肉球を除いた全身に生えている。毛は一本一本が半透明になっていて、太陽光を直接地肌まで透過させ熱を伝える。そのため、大量の紫外線を浴びる肌は、白クマなのに真っ黒なのだ。

近寄りがたい野獣でありながら、白い毛皮が可愛らしいイメージを連想させる、僕はそこに大きな違和感を感じた。でもその違和感こそが、ホッキョクグマの大きな魅力であるのだと思う。

毛皮とともに重要な役目をするのが、非常に厚い脂肪層。アザラシの豊富な時に一気に栄養と脂肪を体内に蓄え、狩りのできない夏場には、蓄えた脂肪を効率よく、少しずつ消費して生きていく。この理にかなったシステムこそ、極北で生き延びるために獲得した最も重要な能力といえる。

ホッキョクグマは、主に結氷した海上で狩りをする。標的となるアザラシは、爪の生えた前脚を使って氷上のあちこちに呼吸用の孔（あな）を開ける。潜水能力に優れるアザラシだが、時々は海面上に出て呼吸をしなければならず、その瞬間が最大の狩りのチャンスとなる。

ホッキョクグマは呼吸孔や巣穴を鋭い嗅覚で感知し、アザラシに気づかれないようゆっく

食堂車で各国から
来たゲストと夕食。

りと忍び寄り、孔の縁でじっと待つ。そしてアザラシが顔をのぞかせた瞬間に、強烈な一撃を与えてしとめる。だが、狩りの成功率は2％にも満たないため、多くの時間を狩りに費やさなければならない。

僕がこの地に来る前に、ひとつイメージしていた光景があった。

地平線に沈む夕日をバックにした、ホッキョクグマの姿。そんなカットをぜひ撮りたいと思っていた。自分一人で行動しているわけではないので、そう都合よくはいかないかもしれないが、チャンスは十分にあると考えていた。この一ヶ月の滞在で、ぜひ思い描いた光景をものにしようと決めていた。

二頭の雄が、取っ組み合いをしているところに出くわした。プレイファイティングだ。迫力のあるカットを狙える願ってもないチャンスに、僕はシャッターを切りつづけた。

ホッキョクグマは、若い個体や雄同士がじゃれあい、よく戯れて遊ぶ。そのうちに、だんだんと激しい喧嘩のような闘いへとエスカレートしていくのがプレイファイティングだ。互いの力関係を計る物差しであり、近い将来の雌やわずかな食料をめぐる真剣な闘いに備えての、遊びを交えたトレーニングといったところ。激しいぶつかり合いの後、優劣がつけば、またじゃれあい始めて微笑ましい光景へと戻ることがほとんどである。予想を超えた動きをするプレイファイティングは、ホッキョクグマ撮影の花形と言っても良いかもしれない。

寝台車の二段ベッドは
唯一の個人スペース。

ドイツ人のノアバート・ロージングは世界的に有名な動物写真家で、素晴らしい内容のホッキョクグマの写真集を出している。寝台車のベッドが隣で、晩飯を共にしたりするようになった。風邪をひいた彼が薬を持っているか聞いてきたので、「日本の薬はよく効くから、これを飲めば三十分後にはとてもハッピーになるよ」と、ひと言添えて風邪薬をあげると眉を寄せ、困惑しながら笑っていた。撮影を終えて戻ってきたとき、「今日はどうだった？」という話になり、ノアバートは、「全然ダメだよ」と親指を下げた。僕は15本撮ったというと、そんなに撮ったのかと驚きの表情を見せた。

ダメでも何でもとにかく撮っておかなければという、典型的なビギナーである僕との違いであった。ベテランの彼には撮るべきものが無いコンディションであったのだ。その違いはよく分かったが、僕が彼の真似をするレベルにないことも十分に承知していた。今の僕は、とにかく数多くのシャッターを切り、写真を身体で覚える必要があるのだ。

今回の取材で、フィルムは36枚撮りを150本用意した。それでも見るものすべてがめずらしく、しかも1枚でも多く優れた写真を撮らなければならないと意気込んでいたので、日に日に撮影済みのフィルムが増えていく。一日の撮影で少ないときでも6～7本、多いときだと20本近くにもなる。

早朝にキャンプを出発し、日が暮れるとキャンプに戻る日々を繰り返した。そんなある日の夕暮れ時、真っ赤な夕日が、澄みきった大気のなかで強烈な斜光線を放っていた。こんなときにホッキョクグマがいればいいのにと思った矢先、遠くをこちらに向かって歩いてくる一頭を見つけた。千載一遇のチャンスに慌てふためき、あらゆる感覚が一気に全開になる。ドライバーを急き立て猛スピードでその一頭の方へバギーを走らせ、向かってくる100メートルほど手前で急ブレーキをかけた。そして太陽と重なる場所を想定し、カメラを構えた。ホッキョクグマは、狙い通りにこちらに向かい、まっすぐ歩いてくる。

「よしよし、そのままこっちに歩いて来いよ」。そう念じながら思い切り気を張りつめる僕の前方を、白い息を吐き出しながら、ホッキョクグマはゆっくりと横切っていった。あまりに興奮して訳が分からなかったが、太陽と重なる手前から通り過ぎるまで、僕はシャッターを切り続けた。待ち望んだ瞬間の到来に、たかぶりは収まる様子を見せない。

「タイミングはどうだっただろう」

「逆光の露出は適正だっただろうか」

「ピントはきっちり合っていただろうか」

しばらくしてそんなことが頭を駆け巡ったが、最後には、「いや、きっと大丈夫だろう」と半ば自信を持ち、半ば自身に言い聞かせた。そして、思い描いた光景に出会えた喜びを存分にかみしめた。

動物たちを追いかけながら、こんなシーンに出会えたらいいな、と思うことはよくある。そして、本当に思い描いたシーンを撮れることがけっこうあるのだ。まるで魔法のように。

とても不思議なことだが、わりと理にかなっているともいえる。そうしたシーンを目指して、一つ一つ行動を積み重ねていくうちに、雲をつかむように限りなくゼロに近かった可能性が、どんどんと高まっていくのだ。それは写真の持つ、とても重要な魅力であると僕は確信している。

日本を含めた北方に生息するクマの中で、ホッキョクグマだけは冬ごもりをせず、唯一こもるのは妊娠した雌だけだ。妊娠した雌は11月頃になると、日当たりの良い南向きの斜面や、谷間にできた雪の吹き溜まりに産室をつくる。産室の中は外気温より20度も高く、生まれたての子どもにとって、とても暖かくてやさしい空間となる。子グマは12月下旬から1月上旬にかけて生まれ、寒さの和らぐ春になると親子はアザラシ狩りへと出発する。母グマは子どもたちの前でアザラシ狩りを実践し、様々な状況下での獲物の捕らえ方を教え込む。

この氷の世界では、ホッキョクグマにとって恐れる外敵は存在しない。しかし子連れの母グマにとっては、同じホッキョクグマの雄の成獣が大変な脅威となる。攻撃的な雄の場合、子グマを殺され食べられてしまう可能性が大きいからだ。遠くからでも雄が近づいてくれば、母グマは非常に鋭い嗅覚でいち早く察知し、危険と判断すると子どもたちをうながして一目散に逃げ出す。子どもたちも懸命に母グマの後を追いかける。しかしときにはばったりと攻撃的な雄グマに出会ってしまうこともある。そんなときの母グマは、自分の体重の二倍もある雄に対して一歩も引かず、勇猛果敢に立ち向かい、命に代えても子どもたちを守ろうとする。そしてほとんどの場合、雄グマを追い払ってしまうのだ。そして実際に、そのようなシーンを僕は何度も目撃した。

ときどき危険が訪れるものの、たいてい親子の周りには穏やかな雰囲気が漂っている。僕がこの地にやってきて、もっとも印象深かったのは、やはり親子の営みだ。

子グマたちは母グマにぴったりと寄り添い、いつも遊んで欲しくてじゃれついている。母グマはというと、そんな子どもたちがかわいくてしかたがないといった様子。母グマが、眠っている子どもたちをぺろぺろとなめてあげたりする姿は慈愛に満ちあふれ、心がじーんと温まる。遊び疲れてお腹が空くと、子どもたちは母グマの胸をつついてお乳をせがみ、母グマは飲みやすいよう胸を差し出し、抱きかかえるようにして授乳をする。なんとなく、母グマが微笑んでいるように見えるのは、僕の思い入れのせいだろうか。

ここハドソン湾において当歳児を連れた母グマは、前年の6月頃に陸へ上がり、冬の出産から子どもを連れて歩ける4月頃までの10ヶ月ほどの間、ほとんど何も食べずに過ごす。その間にも毎日母乳を与え続け、わずか600〜700グラムの生まれたての子どもを10キロ以上にまで育て上げる。本当に自らの骨身を削り、子どもたちを育てているのだ。

そんな母グマは、ガリガリとまではいかないけれど、とてもやせ細っている。母グマが子どもに与える深い愛情と献身ぶりには並々ならぬものがあり、人間の親子とまったく変わらないどころか、それ以上ではないかと何度も感じることがあった。それは僕にとって、とても大きな発見であった。

　感動をおぼえるのは、人間だけに与えられた特別な資質のはず。野生動物と人間の間には、厳然とした境界線がある。そんなことは意識するまでもなく、当たり前のことであった。しかし、ホッキョクグマとの最初の旅で、もしかしたら、野生動物と人間との間に、わずかな接点があるのではないかと思えるようになった。動物と人間をひとまとめにすることは、おそらく行き過ぎた考え方だろう。そしてまるで別の生き物であることも確かかもしれない。でも、この果てしない、死の世界とも呼べる暗黒の宇宙のなかにあって、芥子粒（けしつぶ）のように小さく儚（はかな）い、しかし生命の息吹に満ちあふれたこの地球に生まれ、ともに暮らしている。なにも通じ合えないと考える方が、自然ではない気がする。

　この頃の僕は、まだまだ動物と対峙する経験がなく、分からないことばかりであった。動物との出会いを重ねていくことで、少しずつ見えてくるものが蓄積され、予感が確信へと変化する。ホッキョクグマは、野性への扉を開いてくれた、最初の生き物かもしれない。

　日本に帰国した僕は、この取材でのポジフィルムを抱え、たくさんの人を訪ねた。そうしたなかで、ぜひギャラリーページをやりましょうと言ってくれる人がいた。そしてキヤノンの会報誌「キヤノンフォトサークル」２０００年11月号で、「ナヌークの言葉」という６ページのギャラリーを作った。

これが写真家として初めての仕事となった。このときのうれしさと誇らしさは、今も忘れることはなく、心に鮮明に焼きついている。

アラスカのクマたち

アラスカ湾とベーリング海に挟まれたアラスカ半島。初夏から秋にかけ、その付け根にあるカトマイ国立公園を訪れた。

水上飛行機から見下ろす原野には、それぞれが異なる青みをたたえた湖沼が、森のはざまに無数にちりばめられている。そのなかのひとつ、青い乳白色をしたナクネック湖の水面に向けて徐々に高度を下げ、水しぶきをあげてランディングした。着水の勢いをそのままに、だがゆっくり湖岸へと近づいていく。フロートを浅瀬に乗り上げ、そしてハッチを開き、僕は砂と玉石の湖岸に降り立った。

超望遠から超広角までフルセットの機材と三脚を背負い、ブーツの沈む歩きづらい湖岸を、ささやかな覚悟を決めて森の方へと向かった。森の道には、大きな糞がそこかしこに落ちている。クマのものだ。いつ頃にしたものだろうか。ひとつひとつ判断しながら注意

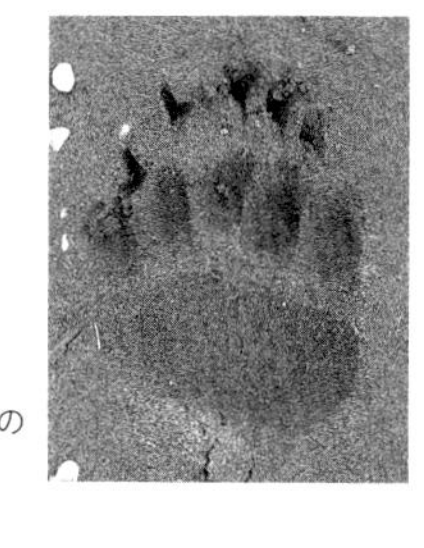

ブラウンベアーの
右前の足跡。

深く歩いていく。糞は全体に緑っぽく、木の実の赤い種が混じっていたりする。主に植物を食べている証だ。そして、植物からサーモンへと主な食べ物が変わりゆく季節がこれから始まろうとしている。

ここはクマたちの世界。

この地を流れるブルックスリバーには、毎年沢山のサーモンが遡上する。そのサーモンを目当てに、この広大な原野にすむブラウンベアーたちが、川へと一堂に集まってくる。クマたちは、滝の上で待ちかまえ、ジャンプするサーモンを上手にキャッチする。そういう芸当ができるのは、ある程度年齢を重ねた経験豊富な大人のクマで、経験不足の若者はタイミングが合わず、なかなか捕えることができない。川の淵に無鉄砲に飛び込んでは魚を逃し、激しく息を吐き出しながら、あたりをキョロキョロと見回している。そんな光景を見ていると、クマも人も成長の過程は同じようなものだなと、ひとり納得してしまう。

森の中は喰い散らかされた魚の腐臭がそこかしこに漂っている。もちろん、深呼吸したくなるような芳しい匂いではない。しかし、この臭いこそが、クマの世界にいることを痛感させる。ああ、また帰ってきたなと思うのだ。

頭や卵だけ食べて放り出されたサーモンを見ると、なんてもったいない食べ方だろうと思う。でもその食べ残しはけっして無駄になることはなく、鳥や小動物が食べ、土に還って樹々の栄養素となり、森を育てる大切な役割を果たす。肥沃な森の養分は川を伝って海へと流れ、貝やプランクトン、海藻などが摂取し、それを食べる小魚から甲殻類、シャチやクジラまでもが連鎖しながら、海の生き物を育んでゆく。

遥か昔から続くこの営みは、余計なものがいっさい無い完璧なシステムとなっている。一部分だけではなく、全体を見て初めて無駄が無い。自然というのはそういうことなのだろう。

ここはクマとの距離が近い。

あるとき、二頭のクマが道の先から全速力で向かってきた。重い機材を背負っている僕は、とっさの行動もできずに呆然としたまま立ちつくす。心臓が飛び出るほど焦っている反面、はたしてこの後どうなるのだろうと、客観的にこの状況を見ていた僕の手前5メートル程のところで、二頭は脇の薮へと飛び込んでいった。胸を打つ鼓動は激しく、おもわず安堵のため息が出た。どうやら追いかけっこをしていた兄弟が、僕が邪魔だったので避けてくれたみたいだ。

またあるときは、近くにいる親子のクマが気になってしかたがないらしい若グマが、そわそわしながら薮のなかを出たり入ったりしていた。僕はその脇の道を通り過ぎて先まで行きたかったので、しばらく様子を見ながら、その若グマが落ち着くまで待っていた。親子のクマが薮のなかへ消え、その後を追うように若グマも薮のなかへと立ち去った。しばらく待って大丈夫そうだったので、僕は歩き始めた。すると突然真横の木立のなかから、あのやり過ごしたはずの若グマが、３メートル程のところに興奮して飛び出してきた。僕はとっさにベアスプレーをホルスターから抜いて安全ピンを外し、見つめあった。いつアタックされるかと待ち構える永遠とも思える数秒が過ぎ、息を荒げたその若グマはくるりと後ろを振り返り、藪の奥へと消えていった。

僕が若グマに対して適切な対処をしたわけではない。むしろもっと時間をたっぷりかけて、落ち着きのない若グマの様子を見るべきだったのだろう。若グマにしてみても、人を警戒して恐れるのは当然であり、わざわざ襲うのもそれはかなり面倒なはず。若グマは、僕を襲わないと瞬時に決めたのだ。つきつめれば、ただ運が良かったということ。ただそれだけだ。

写真を撮るためとはいえ、動物にむやみに近づけば良いというものではない。安全を確保した距離で、安心して撮影にのぞむことがベストだ。が、しかしときには危険だと思える状況に、踏み込まざるをえないこともある。写真はときに境界線を踏み越えて行ってしまう危険な表現だ。いいカットが撮れると思ったときに、その場に踏みとどまるか、先に進むか。葛藤の連続こそが自然と向き合うことの証なのだ。

人に個性があるように、クマも一頭一頭性格が異なる。若いクマであれば好奇心旺盛で、やんちゃな行動をとることが多い。年齢を重ねたクマは体も大きく、行動もどっしりしている。漁場などで若グマと大人のクマが鉢合わせすると、両者の態度の違いがありありと見て取れる。大人のクマは、貫禄と余裕をもって若グマにせまり、若グマはおどおどしながらバツが悪そうにその場を離れるのだ。

年嵩の巨大なクマを見るのが僕は好きだ。多分、想像を超えた現実が目の前に現れているからだろう。毛皮の下で隆々と動きまわるこの世のものとは思えない筋肉に、気分が悪くなるほどの衝撃をうける。自分ではどうにも太刀打ちできない圧倒的で摩訶不思議な存在。そんな生き物を前にして、冷静になどしていられないのだ。

クマに対してあまり慣れていなかったが、ここでの経験が少しずつ、クマという生き物がどういうものかを教えてくれた。そして必要以上に怖がる動物ではないことも知った。しかし油断が禁物であることには間違いない。ときどき、自分の行動を振り返り、あれは危なかったと思うことがある。たまたま、クマの気分が良かっただけで、一歩間違えればアタックされていたかもしれない。

カナダとの国境にほど近い、アラスカ南部の原生多雨林のなかで、しばらくひとりでキャンプをしていた。小型のセスナで送り届けてもらい、日にちを決めて迎えにきてもらう約束を交わし、パイロットと別れた。

この森にはブラウンベアーとブラックベアーが共存している。キャンプ地から撮影場所

野営地にあった古株の前で。

である滝までは、歩いて一時間ほど。鬱蒼として曲がりくねったか細い森の道は見通しがきかず、ときどきばったりクマと鉢合わせになる。困ったことに、道の前と後ろから挟まれてしまうこともある。開けた場所ならまだしも、現場までの道は、日々、恐怖心が大きかった。一度はあまりに憂鬱（ゆううつ）になり、夜眠れず、気づいたら寝坊していて昼になっていたこともあった。

最初のころは、これほどクマを恐れる自分は動物写真家に向いていないのだろうかと、真剣に考えた。何の経験も知識も無く飛び込んだ写真家への道であったが、二十代の若さゆえか、勢いだけで進んでしまったところは多分にある。何事にも動じない心が必須であるのなら、僕は間違いなく不適格だ。

でも、恐怖で制御不能に陥りそうな心を懸命にコントロールし、満足のいくカットが撮れたときの高揚感は、普通の生活をしていたのでは、決して味わうことのできないものだ。

そして僕は確かにそれをのぞんでいる。容易には近づけない世界に魅了されてしまったのだ。いくら眉間にしわを寄せてあれこれ考えたところで、初めから答えは決まっている。今さらあとには引けないとの決断を下し、そうであればさらに経験を積んで、慣れていくしか方法はない。野生動物や自然の神秘に寄り添うのは、激しい消耗をともなう。でもだからこそ、受け取るものも大きいのではないだろうか。このとき撮った洞窟のなかにいるブラックベアーは、僕の写真家人生を後押ししてくれた、思い入れの強いワンカットとなった。

キャンプをしている小さな入り江には、ときどきブラックベアーの親子が現れる。子グマは二頭でまだ小さい。母グマのあとをヨチヨチとついていく。

僕は写真を撮るでもなく、ぼんやりとその姿を眺めていた。

ちょうどそのころ、僕自身にも双子の子どもが生まれたばかりだった。意識したつもりはなかったが、どこかで自分とその母グマを重ね合わせていたのかもしれない。とても穏やかなその光景は、ほんの少しだけ、張り詰めた緊張をほぐしてくれた。

空の王者ハクトウワシ

「タキ、イーグルレディのところに行かないか?」

シアトル在住の友人であるノーマンが連絡をくれた。彼はタカユキという発音がしにくいらしく、僕のことをタキと呼んだ。話によると、アラスカのホーマーというところにイーグルレディと呼ばれるおばあさんが住んでいて、ハクトウワシの保護活動をしているとのこと。そのおばあさんを訪ねて、一緒にハクトウワシの撮影をしようと誘ってくれたのだ。

アメリカ人のノーマンは僕の父親と同い年で、カナダで知り合った。ジョークばかり飛ばす気さくで親切なノーマンは、仕事をリタイアしたのち、趣味で写真を撮りながら世界中を旅して過ごしている。駆け出しの写真家である僕のことをいつも気にかけてくれ、これはと思う話があると、教えてくれるのだ。

ノーマンは僕にとって友人であると同時に、アメリカの父親と言ってもいい。シアトルを経由するときは家に泊めてくれ、奥さんのキャロルと三人で食べる晩飯は、僕にとってかけがえのない心温まるひと時でもある。彼らの家のなかは、いたるところに絵画やオブジェや写真が飾ってあり、ノーマンの部屋は壁一面に、自分で撮ったたくさんの写真が額装して飾られている。そのなかには僕の撮った写真も入っている。ノーマンはたんに趣味で写真を撮っているだけだが、僕は彼からリラックスして撮影をする態度や、撮った写真を飾って楽しむ術を大いに教わった。写真に関しての恩人でもある。

初めてアラスカを訪れたとき、クマと対峙する背後で、樹上高くにとまるハクトウワシを見た。ヒョッ、ヒョッ、ヒョッという鳴き声が、端正な顔立ちとは不釣り合いだと思った。それでもアメリカが国鳥としたのが痛いほど共感できる、凛々(りり)しく勇ましい、クールで熱い魅力を放つ猛禽なのだ。僕は二つ返事で連れて行ってほしいとお願いした。

アラスカ南部のキナイ半島に位置し、カチェマック湾に面したホーマーは、オヒョウ釣

ノーマンとキャロルと。

りのメッカとして有名なところだ。オヒョウとは巨大なカレイのことで、ムニエルやフライにして食べることが多い。白身で淡白な味ながら、タルタルソースで食べるフィッシュアンドチップスは、僕の大好物でもある。湾に飛び出したヒゲのような細長い砂州が数キロ続き、中心に舗装路が通っている。その道をひたすら進んだ行き止まりの海岸に、イーグルレディことジーン・キーンは住んでいる。キャンピングトレーラーを置いて、木の板で敷地を囲っただけのシンプルな家だ。

どんな人なのだろうとドキドキしながら声をかける。するとキャンピングカーの扉が開き、くるくるした赤毛で真っ赤なルージュをつけたジーンが現れ、笑顔で快く出迎えてくれた。

1923年生まれのジーンは若いころ、ロデオのライダーをしていて、とても活発な女性だったようだ。落馬して大怪我を負い、その後はトラックドライバーやダイナーを開いたりした。そして流れ流れてこの地にやって来て、住み着いたらしい。ある朝、朝食を食べているとき、二羽のハクトウワシが庭にやってきて、眼前のその姿に感動をおぼえたという。1970年代後半のことで、今と違い、ハクトウワシの姿を滅多に見ることができない時代だった。それをきっかけに、冬場の獲物が無くなる時期に、働いていた水産加工工場から廃棄する魚のアラなどをもらい、ハクトウワシに与えはじめたということだ。

ハクトウワシは翼を広げると2メートルにもなる、北アメリカに棲(す)む最も大きな鳥のひ

ジーン・キーンと
彼女の庭で。

とつだ。その多くはアラスカ州やカナダの河川や沿岸部に生息している。和名のとおり頭の毛が白く、威厳にみちた、とても精悍な顔つきだが、英名はボールドイーグルといい、直訳すると禿げた鷲という名前になる。白い頭と黄色いくちばしのコントラストが美しいハクトウワシは、先住民の人々にとって神の使いであり、儀式ではその羽で飾りつけた衣装を身にまとい、神聖な生き物として敬われてきた。しかしヨーロッパからの入植者たちにとってハクトウワシの存在は、先住民たちとは捉え方が異なった。アメリカのシンボルでもあるこの鳥は、１９６０年代には絶滅の危機に瀕していた。家畜を襲う害獣として長年にわたって乱獲されてきたことと、有機塩素系殺虫剤などの農薬汚染の影響をまともに受け、卵殻の薄膜化などによってヒナがかえらなくなったことが大きな原因とされた。ハクトウワシを狩ることに、懸賞金が出された時代さえあり、ほぼ１００％が人的被害によるものだった。だがその後、本格的な保護法の制定と農薬の規制、身近な環境問題の改善に取り組んだおかげで、その個体数を飛躍的に戻し、現在では絶滅危惧種の指定からも解除された。彼らを取り巻く環境が、目覚ましく改善されてきたのは確かだといえる。

近くのロッジに滞在し、ノーマンとともに毎日ジーンのフィールドに通い始めた。ノーマンは一度この地に来ているので、ジーンとはすっかり仲良しだ。ユーモアに満ちた彼らの会話は僕を和ませ、厳寒のきびしさをいっとき忘れさせてくれる。

ハクトウワシの飛翔やアップ、ファイティングシーン、海沿いの広い光景など、様々な

ワシたちに魚を与えるジーン。

バリエーションを捉えていった。ここでの成果があったおかげで、僕はハクトウワシをテーマとして追いかける決意をし、後に写真集にまとめることができた。

ジーンのフィールドでハクトウワシに間近に接し、その息遣いまでを感じ取ることができたのは、貴重な経験であった。一羽一羽それぞれに個性があることも知った。馴染みの店のジーン専用のプレートが貼られた席に座り、ブラッディー・マリーを飲みながらタバコをふかし、ハクトウワシについていろいろなことを教えてくれた。

海岸には、ハクトウワシだけでなく、カモメもたくさん集まる。両者が並ぶ姿もよく見かけるのだが、あるとき、ハクトウワシとカモメが隣同士でとまっていた。そして突然ハクトウワシがカモメに乗りかかったかとおもうと、鉤爪でがっちりと押さえつけ、そのまばくばくと食べ始めてしまった。カモメは一瞬、何が起こったのかわからないような顔をしていたが、ひとくち食べられるごとに次第に穏やかな顔つきになり、静かに目を閉じた。

その光景はまるで、魂が天に向かってすうーっと昇っていくようであった。僕が少し驚いているとジーンが、「カモメを喰ったか」と言い、「よくあることだ」と付け加えた。

このときの取材で、初めてデジタル一眼レフカメラを使ってみた。機種はキヤノンのEOS 1D。フィルムカメラと併用しつつ、デジタルカメラをメインとした。デジタルカメラの威力は凄かった。フィルムだと破綻をしてしまって到底写真にならないような状況でも、きっちりと作品に仕上げることができた。黎明期のカメラゆえ、さまざまなケースにおいて不安要素もあったが、それでもデジタルのもつポテンシャルは、新しい動物写真を開拓する可能性を大いに秘めていた。

この初めての取材以降、僕はジーンの庭に何度も通うようになった。行くのはいつも冬なので、たくさんの花々で埋め尽くされたときの自慢の庭は、写真でしか見たことがないけれど。後半生をハクトウワシの保護活動に捧げ、絶滅の危機から救うことに大きな貢献をした彼女は、「ライフ」の表紙を飾るなど多くの人々に尊敬され、愛された存在だった。そして僕が最後に会った翌年の２００９年に、85年にわたった波乱の生涯を閉じた。

ときおり雪が舞う4月の終わり、ハクトウワシの子育てを撮影するため、カナダ・ニューファンドランド島の東海岸で、長いキャンプ生活に入った。肉眼では到底見えないけれど、北大西洋を越えたはるか東には、ヨーロッパやアフリカ大陸をのぞむ。

営巣している巣は、陸地から20メートル程離れた海沿いの、切り立った断崖上にある。そのため、人間や他の動物が容易に近づくことが出来ない、安全な場所となっている。自分の居場所も同様に急峻な崖の縁なので、一歩間違えれば滑落して海のもくずと消えてしまう。そこで、転落防止のために10ミリ径のザイルを太い木に括りつけ、身体と機材をす

断崖の際で、機材や身体をザイルでつなぐ。

べて繋げて確保をし、撮影にのぞんだ。

ジーン・キーンにハクトウワシの魅力を教えられ、一冊の写真集にまとめたいと思うようになった。魅力を伝えるためには、もちろん様々なシーンがあるべきで、そのなかでも営巣シーンは外すことができないと僕は考えていた。そのため、北米で望みのありそうな地域をいろいろと調べ、この地を探し出したのだ。キャンプに入るまで、日本での大まかな準備や下調べ、さらに現地に来てからの詳細なセッティングにもかなり手間取ったが、なんとかまずまずの態勢で取材を始めることができた。

草や枯れ枝を寄せ集めて作った直径3メートルほどの巣の中で、ハクトウワシがうずくまっている。きっと卵を温めているのだろう。ワシが体勢を変えるときに、体の下で白っぽいものが見えた。卵であるのは間違いない。産卵していたことにホッと胸をなでおろす。しばらく観察していると、別のハクトウワシが飛んできて、抱卵を交代した。ハクトウワシは通常、つがいで子育てをするのだ。抱卵を代わる際に、クリーム色をした卵が二個あるのがはっきりと確認できた。

この地の天候は冷涼で変わりやすい。つがいは交代で、雨や雪が降っても二つの卵をずっと温めている。目の前の巣は様々なハクトウワシが何世代にもわたり、補修をしながら使い続けてきたものだ。使われ始めてから、おそらく数十年は経っているだろう。見た目にも風格が感じられる。

ニューファンドランド島のキャンプ地。

グリーンランドや北極海から、巨大な氷山が流れ着く大海原に面した断崖は、風の強い日も多く気温も0度から3〜4度ほど。幸い氷点下になることは少ないが、早朝から日暮れまで吹きっさらしの断崖上で撮影していると、骨の髄まで心底冷えてくる。遅い春を迎えた頃だからと油断をしてしまい、厚手のダウンジャケットやダウンパンツなどの真冬の装備を用意しなかったことを、つくづく後悔した。

夕方に撮影を終えると、結んでいたザイルを解いて機材を片付け、ザックを背負って急ぎ足でキャンプに戻る。途中で手頃な枯れ木を見つけると、それを両手に持てるだけ抱えて帰る。焚き火を焚き、ヒップボトルのウイスキーをひとくち含むと、ようやく生きた心地が戻ってくる。キャンプをしながら、焚き火の前で飲むストレートのウイスキーほど、味わい深いものはない。命の水というフレーズに思わずうなずく。それは普段の暮らしと異なり粗食となるため、味覚が敏感になることも大きな要因のひとつだ。

翌朝、日の出とともに巣に向かうと、昨日と変わらず親鳥はじっと卵を温めている。いくら冷えるとはいえ、僕は防寒着を身につけ、夕方になればキャンプに戻って焚き火にあたれる。そしてテントのなかで真冬用のシュラフに包まって、暖かな夜を過ごせるのだ。だがワシたちは、強風に吹かれ、冷たい雨に打たれ、体に雪が降り積もっても巣を離れることなく、ずっと卵を温めている。

凄みのきいた野性の強靭(きょうじん)なたくましさには、いつも打ちのめされ、とてもじゃないが太

テントの中の様子。パソコンやバッテリー、ランタン、バーナー、コッヘル、食料、文庫本、日記帳、ウイスキーなど。

刀打ちすることなどできはしない。ただ彼らの世界をそっとのぞかせてもらうだけだ。
曇天で寒々しい風景のなかにありながら、ワシの体から後光のような淡い光を発しているように見えたのは、到底錯覚だとは思えなかった。

長期のキャンプ生活で頭を悩ませるのが、カメラやパソコン用電力の確保。日本を出発する前にあれこれ検討し、最終的に折りたたみ式のソーラーパネルを持っていくことにし、二個特注した。それを現地で購入した車用のバッテリーにつなげてテントの横に設置し、電源を確保した。水はテントの脇を流れる川から、ナイロン製のウォーターバッグに汲んで運ぶ。飯を作るのにはそのまま使ったが、タンニン混じりで臭いがある水なので、飲み水用には、煮沸したお湯で紅茶を作った。

焚き火に使う薪には事欠かない。倒木やら朽ち果てた枝などが、そこらじゅう大量に転がっているからだ。そのなかから、なるべく乾燥しているものを集めて拾ってくる。二日に一回ほどする作業なのだが、これがわりと楽しくて良い気分転換になる。大きすぎず小さすぎず、程よく姿形の整った薪を見つけるのは、宝探しに似た喜びをもたらす。そして薪の組み方にこだわるのも、焚き火を楽しむ大事な要素だ。

トイレは基本的に、なるべく早く大地に還るような場所を選ぶ。時に藪のなかであったり、時に朽ち果てた倒木の傍であったり、時に開放感抜群の大海原に面した断崖上であったりだ。

気温が低いとはいえ、重い機材を背負って歩くと、ものの五分もしないうちに汗をかいてくる。何日かすると、身体も服もベトベトだ。人と会うわけではないので、それでも構わないのだが、たまにはさっぱりしたい衝動にかられる。そんなときには意を決し、肌を切るような冷たい川に突入し、ざぶざぶと水浴びをする。シャンプーや石鹸などは使わないし、そもそも持っていない。痛いほどの冷たさですぐに耐えきれなくなり、川からあがって裸のまま焚き火の前まで駆けてゆき、暖をとりながら乾かす。もちろん川で洗濯もする。快適とは言い難いが、そう悪いものでもない。ただ、季節が進んで夏になると、川の水量がめっきり少なくなり、臭いがキツくなってくるのだけは難ありだが。

撮影を始めて二週間位経った5月初旬、片方の卵の殻がひび割れ、しばらくするともう片方の卵もひび割れ始めた。すっかり感情移入していた僕は、二羽とも無事に生まれてくることを当然のごとく願っていた。

二日後、冷たいみぞれが降りしきるなか、灰色の産毛に包まれた一羽のヒナが誕生した。その時、卵を抱いていた親鳥が、急に鳴き始めた。そしてその表情は、とても興奮しているように見えた。まちがいなく、どこかにいるつがいのもう一羽に、生まれたことを知らせているのだと分かった。ワシたちと共に、来る日も来る日も新たな生命の誕生を待ち続けた僕は、熱い思いがほとばしり、祝福と労(ねぎら)い、そして励ましの言葉を口走っていた。

翌日にはもう一羽のヒナが殻を破り、無事に生まれた。薄灰色のふわふわとした産毛に

捕まえたカモメをちぎってヒナに与える。

包まれた、親鳥の顔よりも小さなヒナたち。親鳥は最初の一羽が孵化する直前、海で魚を捕まえてきていて、その魚を細かくちぎっては、食欲旺盛なヒナたちに食べさせている。この世に出てきたばかりだというのに、この生命力はなんなのだろう。二羽のヒナは、互いに体を寄せ合いながら、競うように魚を飲み込んでいく。

あるとき、撮影中に手をすべらせてブロアー（空気で埃を飛ばす道具）を落としてしまった。樽状の形をしたブロアーは、コロコロと転がって崖の縁を越えていった。あっと思って崖下をのぞくと、1・5メートルほど下のわずかな段差部分で引っかかっている。どうしたものかと考え、ザイルも身につけているし、崖にぶら下がって取りに行こうかと思った。百数十メートルはある断崖だが、何日も撮影を続けているうちに慣れてしまい、それほどの恐怖心は感じなくなっていた。ザイルに体重を預け、いざ降りようとしたときに、ふと考えた。ザイルは新品で頑丈だし、まず切れたりすることはない。だけどブロアーひとつのために、命をかけるのはどう考えても割りに合わない。ブロアーが無いと不便だが、命をかけるリスクとは比ぶべくもない。すんでのところで思い直し、降りるのをやめた。慣れというのは恐ろしい。感覚が麻痺してしまうことがなによりも危険ではないかと、このとき痛感した。

7月に入るとヒナたちは、親鳥と同じくらいの大きさになる。くちばしも含めて全身は黒い。成長するにつれてだんだん頭に白い毛が混じりだし、大人になる4歳頃、くちばし

力強く羽ばたくヒナ。大きさは親鳥と変わらない。

は黄色く頭の毛は真っ白くなる。

7月中旬、ヒナは盛んに羽ばたいたり、ジャンプするようになる。もう間もなく巣立ちだ。

そしてある程度飛べるようになると親鳥の後について一緒に飛び、狩りの仕方や生きる方法を学んでいく。すでに親鳥はほとんど巣にいることはなくなり、ときどき獲物を巣に放り投げるとすぐに飛び去り、離れたところから見守るようになる。同じ時期に子育てをしているカモメのヒナを、生きたまま巣に持ち帰ることもあり、ワシのヒナは、カモメのヒナの頭を食いちぎってあっという間に飲み込んでしまう。ヒナたちの面構えは日増しに迫力を帯び、この空を我が物とする自信さえ満ちているかのようだ。

抱卵から巣立ちまでを見届けた。

あれだけ寒かったのに、今は夏の日差しで肌が焼けるようだ。夜寝るときも、シュラフに入ると暑苦しい。足掛け三ヶ月にわたる取材を終え、キャンプを撤収することにした。

ここから一番近い村に車を置いてあるのだが、断崖沿いを十数km歩かなければならない。130kg以上ある荷物を一度では運べないので、三回に分けることにした。早朝の薄暗いうちから荷を運びはじめ、二往復目を終えたときに膝に激痛がはしり、歩けなくなった。湿った細かい木の根に滑って何回も転び、右足首も捻挫している。しばらくテントで横になって休んだが、そろそろ出発しなければ日が暮れてしまう。一歩ずつ、時間がかかってもしかたがないと割り切り、気をふるい立たせ、最後に残ったテントをたたんで野営地を後にした。

激しい痛みを覚悟して歩きはじめたのだが、不思議なことに、あれほどひどかった膝の痛みが嘘のように無くなっている。空になっていた体力も、なぜかみなぎっている。足に疲労感はあるのだが、前へ進む力がふつふつと湧いて出てくるようだ。やりきった思いがそうさせているのかは分からない。限界を超えた身体に対し、おそらく脳が強烈な何かを分泌しているのだろう。そうとしか思えなかった。

大きなザックを背負い、深い高揚をもたらす肉体の神秘を噛(か)み締めながら、荒々しい大西洋岸沿いの最後の道のりをはずむような足どりで歩いた。

カリブーの大移動

夢。

カリブーの大移動を見てみたい。

今までに何度もアラスカを訪れたのは、グリズリーやブラックベアー、ハクトウワシといった、僕たちの暮らしとかけ離れた、広大で深淵な自然のなかに生きる野生動物たちの姿を写真に撮るためだった。生態系の頂点に立つクマやワシは、アラスカを代表する野生動物であり、とてもフォトジェニックだ。迫力に満ちた渾身の一枚を撮るために、僕は夢中になって追いかけた。それらの撮影地はすべてアラスカの南部や南東部で、まったくないわけではないと思うのだが、そのあたりでカリブーの姿を見たことは、過去一度もなかった。

そもそも、アラスカに興味をもつようになったのは、今は亡き星野道夫の作品だった。アラスカの動物や自然の数々を優れた写真と文章で伝えてくれた彼は、カリブーをメインテーマにし、たっぷりと時間をかけて追求し、その魅力をひもといていった。二十代半ばで将来を模索していた僕にとって、アラスカの原野で野生動物の写真を撮りながら人生を歩んでいる星野道夫という存在は、漠然と探し求めていた生き方を目の前に突きつけられたような衝撃だった。

アラスカに取り組み始めた頃の僕は、カリブーのような地味な動物にはあまり興味が湧かなかった。しかし、クマやワシの撮影を続けるうちに少しずつアラスカがどのような土地で、どのような生態系で営まれているかが分かるようになってきた。すると南北数千キロの旅を毎年繰り返し、先住民の糧となり、肉食獣の獲物となってアラスカの多くの生き物を支えているカリブーこそがアラスカを代表する動物ではないかと、強く感じるようになった。自分の表現でどこまでできるのか、試してみたかった。

カリブーの越冬地はアラスカ中央部、ブルックス山脈の南側と考えられている。その越冬地から春の訪れとともに、ツンドラの栄養豊富な新芽を求めて何万頭もの群れが北へ北へと数千キロの旅をするという。旅の途中で子どもを出産し、ブルックス山脈から北極海までなだらかな傾斜が続く、ノーススロープと呼ばれる食べ物の豊かな土地で、晩秋まで子育てをするというのだ。哺乳動物で、これほどの長距離を移動するのは、カリブーをおいて他にいない。

しかし、それまでに得た情報から考えると、大移動する大群に出会うことは、とてもじゃないが簡単なことではない。何週間、何ヶ月という時間をかけなければならないし、多くの人の知識や情報、あらゆる移動手段の助けも必要だ。それにものすごく沢山のお金もかかる。いくら考えても、自分一人だけの力でカリブーの大群に遭遇するのは不可能だ。

カリブーの大移動を見るということは、実現のできない夢のようなものになっていた。そんなあるとき、アラスカを旅し、野生動物を求めて写真を撮っていくTVのドキュメンタリー番組を作りたいという話が僕のもとにきた。TV局の人たちに、どういう旅をしたいかと聞かれた時、僕はカリブーの大移動をぜひ追いかけたいと熱望した。写真家になって十年が過ぎ、アラスカに通い自分なりに見えてきたものがある今だからこそ、取り組んでみたいテーマなのだと。そしてその望みが叶い、僕はカリブーを求めて晩春のアラスカへと旅立つこととなった。実現不可能だと半ばあきらめていた夢が、一歩僕の方へ近づいてきた瞬間だった。

旅の出発点となる、アラスカ州フェアバンクスへ降り立った。カラッとした気候で、5月後半とはいえ予想以上に暖かい。芽吹く植物が吐き出すのか雪解けの大地のものか、いつも甘く香ばしい大気が充満していて、つい深呼吸をしてしまう。

カリブーは鹿の仲間で日本ではトナカイと呼ばれ、体長125〜200センチ、体重60〜200キロ、雄は最大で270キロにもなる。寿命は七〜十五年、妊娠期間は210〜240日で、雌は一年半で成熟し、年に一頭の子どもを生む。雄も雌と同じ期間で成熟するが、他の雄と争って繁殖できる一人前になるには五、六年かかる。時速80キロで走ることができ、アラスカ全土におよそ七十二万頭が生息する。

マイナス40℃にも達する極寒の冬を南部で過ごし、掌状角(しょうじょうかく)と呼ばれる少し風変わりな角をもつのだが、それは枝と枝の間がつまっていて手のひら状になっていることで、カリブーだけが鹿の仲間で雄雌共に角をもつ。一説によると、冬の主食となる雪の下に埋まる地衣類を掘り起こすために、その角が役立つということだ。毎年生え変わる角の落角は、雄が11〜4月にかけて、雌は5〜6月頃。雌の落角が初夏なのは、雄に比べて体力的に劣り、冬の妊娠中もできるだけ多くの地衣類を食べて栄養をつけなければならず、雪掘りに欠かせないためだと考えられている。また、寒さから守るため、鼻面に毛が生えているのも大きな特徴だ。

日本を出発する前に、図鑑や資料を読んでいろいろ調べてみたが、それだけではどこにカリブーがいるのか、具体的なことはさっぱり分からなかった。この街にいるカリブーの研究者と事前に会う約束をしていたので、さっそく訪ねることにした。アラスカ・フィッシュ&ゲームというアラスカの動植物の保護管理や、ハンティングの許可をとりしきる施設の研究者であるリンカーン・パレットは、快く研究室に迎え入れてくれた。リンカーンはコンピューターの画面上でカリブーが移動するルートを説明しながら、衛星で捕捉した現在いるであろう群れの場所を示してくれ、今後の移動ルートの予測や、主な捕食者であるオオカミの個体数のコントロール、その他様々な動物の生態や研究方法を教えてくれた。カリブーの移動ルートは時期も含めて毎年異なり、確実に出会える場所は無いという。具体的な話を聞いても、まだまだ僕の頭のなかは雲をつかむような状態で、カリブーの大群は依然幻のままだ。だが、それらの貴重な情報は、これからの取材で必ず役に立つだろう。これから向かう地は、僕にとって初めての土地ばかりだが、どんな光景が広がっているのだろうか。不安もあるが、想像を超えた未知への期待でワクワクする。

ここでもう一人、今回の旅で重要な役割を担うブッシュパイロットに会った。フェアバンクスを拠点にアラスカ中を飛び回る日本人パイロットの湯口公さんで、カリブーの空撮に協力してほしいと事前に頼んでいて、了解を得ていたのだ。撮影方法についておおまかな話をし、後日再会する約束を交わした。

アラスカ中央部から北へ向かうカリブーは、ブルックス山脈にその行く手を阻まれる。ノーススロープへたどり着くにはこの大山脈を越えていかなければならない。そのブルックス山脈の真っただ中に、カリブーと共に生きるエスキモーの村があるということを、日本で調べているときに知った。そして例年のこの時期、カリブーの大群が村のそばを通過するらしい。

カリブーと共に生きるとはいったいどういうことなのだろう。

カリブーを捕まえて家畜にし、遊牧民のような暮らしをしているのだろうか。移動には犬ぞりを使ったり、イグルーと呼ばれる氷を積み上げてドーム状にした小屋や、地面を掘り下げた竪穴式住居のような家に住んでいるのだろうか。これまで出会ったことのないエスキモーの暮らしぶりについて、詳しいことはよく分からなかったが、カリブーの大移動

延々と連なるブルックス山脈。

を目撃する大きなチャンスだ。とにかくその村を訪ねてみることにした。移動方法を調べると、その村へ行く道は一本もなかったため、キャラバンという数人乗りの小さなプロペラ機で空から向かうことにした。アラスカでは移動手段として小型飛行機を気軽に使うのだが、僕たちが日本でバスやタクシーに乗るような感覚にとても近い。

上空からは太陽光を反射させ、輝く水面をくねくねと蛇行させた大河が見える。カナダを源流とし、アラスカ全土を横切りベーリング海へとそそぐ、総延長3700キロにも及ぶユーコン川だ。空からではまるで見えないが、あの水面下には何十万、何百万ものサーモンが群れ泳いでいるのだろう。岸辺では、これまでアラスカのあちこちで見たように、人やクマやワシたちが、競ってサーモンを捕獲しているに違いない。サーモンもまた、アラスカに生きる多くの命を根底から支えている重要な生き物だ。

ユーコン川を眼下にやり過ごしてしばらくすると、なだらかな起伏の原野にこつ然とそびえ立つ山並みが見えてきた。ブルックス山脈だ。南北250キロ、東西1000キロにも及び、標高2763メートルのマウントイストを筆頭に、2000メートル級の山々が無数に連なる山脈は、北極圏へ入るための、天空にまで到達する巨大な門のようだ。

裾野の方はすっかり解(と)けているが、山頂付近にはまだまだ雪が残っている。よく見ると点線のような動物の足跡らしきものも見える。山脈上空に入ると平地は見えなくなり、見渡す限り山々のピークが連なる。こんなに険しい地形のどこに人の住む場所などあるのだ

小屋の中をのぞくと、カリブーの毛皮が大量にあった。

ろうか。ちょっと信じられない思いもしたが、なんといってもエスキモーの民だ。僕には想像がつかないほど強靭で、厳しい自然のなかにおいても逞しく生き抜いていく術を身につけているのだろう。

山脈の半ばをだいぶ過ぎたころ、多少開けた山間に滑走路と建物が見えてきた。エスキモーの村、アナクトブックパスだ。アナクトブックパスとはエスキモーの言葉で「カリブーのふんの峠」という意味らしい。なぜそんな風変わりな名前にしたのかは分からないが、とにかくカリブーと深い関わりがあることだけは想像できる。村に通じる一本の道すらなく、本当に外界から隔絶されているようだ。砂利まじりの滑走路に無事着陸し、荷物をおろしていると、村の子どもたちが4輪バギーに相乗りしてもの珍しそうに集まってきた。まだあどけない顔の子どもたちが、エンジンの付いた大きなバギーを運転していることに少し驚いたが、皆ニコニコとして楽しそうに走り回っている。日本人と同じモンゴロイドであるエスキモーは、顔つきも日本人によく似ている。言葉は異なるが、自然と親しみを覚えてしまう。

村のなかを歩いてみても、たくさんのカリブーを柵などで囲い込んでいる様子もなく、想像していたような氷で固めたドームや苔むした竪穴式住居などもなく、みな今どきのしっかりした家に住んでいる。犬の姿もたくさん見かけるが、犬ぞりを主に使っている様子はなく、みな車やバギーやスノーモービルに乗っている。この村には四十世帯三百三十人

干し肉を食べさせてくれたエスキモーの親子。

が住んでいて、ほとんどがイヌピアックと呼ばれる内陸エスキモーだが、白人や混血、黒人も何人か住んでいる。その昔、もともとは数家族単位であちこちばらばらに住んでいたイヌピアックたちだが、アメリカ政府の先住民管理政策によって、点在していた人々が一ヶ所に集められ、1949年に出来上がったのが、このアナクトブックパスということだ。

多くの家の軒先には、動物の毛皮が干してある。エスキモーの親子に話を聞いてみると、この毛皮はカリブーのものだという。乾燥させた毛皮は、衣服、ブーツ、帽子、手袋、布団、敷物など様々なものに加工して自分たちで使う以外に、毛皮そのものをほかの村や町などで売って現金収入を得るそうだ。毛皮の他に、カリブーの肉も干してあった。干し肉にしておくと長い冬場の保存食となるのだ。ひとくち食べさせてもらうと、柔らかいが弾力のある歯ごたえで、噛む程に甘みが増して、とてもうまい。そのまま食べる以外にも、スープに入れて食べたりする。

エスキモーのものだとみられる遺跡からは、大昔に使っていた銛先（もりさき）や鏃（やじり）などの石器類や、骨や角を使った道具類が発見されているが、今は銛や弓矢や槍などは使わず、ライフルを使って狩猟を行っている。角のある頭骨が屋根の上に飾られている家などはあったが、大昔と違い、角や骨が活用されている様子は見かけなかった。生きたカリブーの姿こそないものの、村人全員が深くカリブーと関わっていることはとても強く感じられた。

昔から、ここでどんな暮らしをしてきたのか知りたかったので、話を聞くために村の最

ローダおばあさんが、器用な手つきでカリブーの毛皮を縫っていく。

カリブーの毛皮のブーツ。

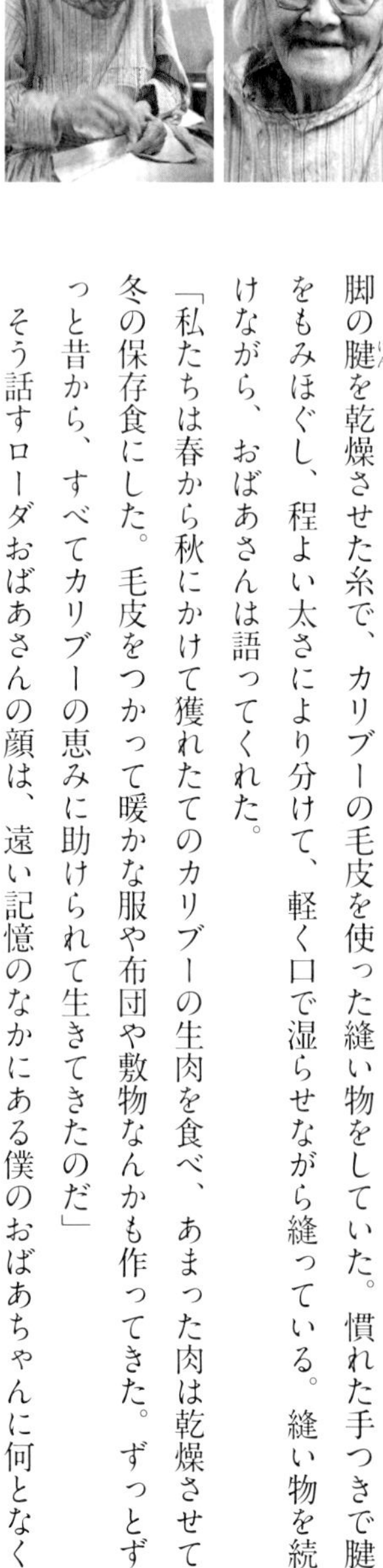

長老のおばあさんを訪ねた。笑顔で迎えてくれた86歳のローダおばあさんは、カリブーの脚の腱（けん）を乾燥させた糸で、カリブーの毛皮を使った縫い物をしていた。慣れた手つきで腱をもみほぐし、程よい太さにより分けて、軽く口で湿らせながら縫っている。縫い物を続けながら、おばあさんは語ってくれた。

「私たちは春から秋にかけて獲れたてのカリブーの生肉を食べ、あまった肉は乾燥させて冬の保存食にした。毛皮をつかって暖かな服や布団や敷物なんかも作ってきた。ずっとずっと昔から、すべてカリブーの恵みに助けられて生きてきたのだ」

そう話すローダおばあさんの顔は、遠い記憶のなかにある僕のおばあちゃんに何となく似ている気がした。

なにを作っているのだろう。つまんだり引っ張ったりする指先をずっと見ていると、だんだん形になってきた。それはカリブーのブーツだった。

村から一日程のところに、カリブーの群れの通り道があるという。男たちがその場所へカリブー狩りに行くというので、群れやハンティングを見たいから一緒に連れて行ってくれと頼むと、快く了解してくれた。ひょっとすると運良く大群に出会えるかもしれない。男たちは兄のアンドリューと弟のベンの兄弟に、その親戚の少年マーク14歳、それにキャンプ道具などを運ぶポーター役ビクターの四人。移動には太くて丸いタイヤが8個も付いた、アーゴというメーカーの8輪駆動のガソリン車を使うのだが、小さな戦車みたいな乗

左から兄のアンドリュー、弟のベン、親戚の少年マーク14歳。

り物で、こんなのは初めて見た。起伏の激しいツンドラを、まるで遊園地のアトラクションのような乗り物で行けるのだろうか。多少心配したものの、それより何よりとても楽しそうだ。

気温は5℃。この時期なので、それほどの寒さではない。僕たちは三台のアーゴに分乗し、カリブーハンティングの旅へと出発した。

水浸しのツンドラの原野を、カリブーが通る谷を目指して走り続ける。8輪駆動車のアーゴは、見た目はなんとなく可愛らしいが、ツンドラの大地を8個のタイヤで力強く進んでいく。道中は雪解けで増水した川だらけだが、エスキモーたちは渡れる浅瀬を知り尽くしているようで、かなり水量のある川のなかへ躊躇(ちゅうちょ)無く突き進む。だが途中でエンジンの調子がおかしくなったり、ぬかるみや思いがけない川の深みにタイヤがはまったり、足止めしてしまう時もある。そのたびにあれこれ直したり、アーゴを押したり引っ張ったりしながらピンチを切り抜け、なんとか前へと進んでいった。乗り心地は思ったより悪くないのだが、しょっちゅうバウンドする道中を、何時間もクッションの薄いシートに座っていると、さすがに尻が痛くなる。たった数時間カリブーたちと同じ道筋をたどっただけだが、その壮大で厳しい旅の一片を知る思いだった。

弟のベンが僕にも運転してみろと言うので、喜んで運転を代わった。運転席には二本のレバーがあり、右のレバーで右の車輪、左のレバーで左の車輪の回転を上げ下げする。た

犬を引き連れ、アーゴに乗ってカリブーハンティングへ。

とえば、前に進む時は両方のレバーを前に倒し、右に曲がる時は右のレバーを少し手前に戻す。すると右の動力が弱くなり、左の動力が勝るので右に曲がるという仕組みだ。左に曲がるときも同様にして操縦する。荒れた原野を縦横無尽に走るのがとても面白くて、ニコニコしながら僕はずっと運転していた。

しばらく走ったところで、スノーモービルに乗った熟年のハンターに出会った。彼にカリブーの様子を聞いてみると、経験と勘からわかるものなのか、恐らくこの先のはるか彼方をカリブーが通るだろうと言っていた。さらに先へ進むと、表層だけが凍りつき、その下がぽっかりと空洞になっている川にたどり着いた。「知らずに乗ってしまったら危ないなぁ」などと話をしながらふと足下をみると、今朝通ったばかりのオオカミの足跡が、雪面にはっきりと残っていた。

初めて見た野生のオオカミの足跡。

僕の履く、馬鹿でかい真冬用のバニーブーツとほとんど変わらない大きさだ。オオカミはカリブーを狙って現れる、とエスキモーは言った。カリブーを探している僕らにとっては朗報かもしれない。だが旅の途中のカリブーにとってみれば、エスキモーやオオカミにあとを追われ、出くわしたら最後、銃で撃たれるか、鋭い牙で喉元をやられて命を落としかねない危険極まる旅なのだ。

ある開けた場所で、たくさんの骨が散乱していた。カリブーの頭骨だ。

原野のなかでばったり出会ったエスキモーハンター。

昔この場所で狩りが行われ、解体されて捨てられていった頭部が長い年月を経て、このような姿になったのだ。何も無いようなツンドラの原野だが、そこかしこに生命の痕跡がちらばっている。

カリブーの通り道だという谷に到着し、ここでキャンプをすることにした。待っていればひょっとするとカリブーの群れが通るかもしれない。木枠でベースを作り、厚いキャンバス地のテントを二棟組みあげる。僕らのテントは撮影クルーが四人とエスキモーの兄のアンドリュー、それに僕の六人。アンドリューはクマがテントに来たときのための用心棒として、ライフルを抱えて泊まることになった。僕らは下にキャンプ用のウレタンマットを敷いたのだが、エスキモーたちはカリブーの毛皮を敷いている。とても暖かそうで、寝心地は抜群に素晴らしいのだろう。用心棒役のアンドリューが、一番最初に大いびきをかいていることからしても、それがよく分かる。設営を終えてからも双眼鏡を使ってカリブーを探したが、姿はいっこうに見えない。カリブーを熟知したエスキモーと一緒なのだから、すぐに見つかるだろうと高をくくっていたのだが、あては外れてしまった。夕闇も迫り、しかたなく今日の捜索はここまでとする。

我々の分の晩飯はお湯で戻すドライフードを持ってきていたが、弟のベンが、ジャーキーみたいに肉の旨味が凝縮されたカリブーの干し肉や、北極海沿岸のバローに住んでいる親戚が送ってくれたという、コリコリとした食感がうまい脂肪たっぷりのクジラの皮をふ

オオカミの巨大な足跡。

るまってくれた。

彼らの話を聞いて感じるのは、カリブーは食糧や日用品となるだけでなく、カリブー狩りをし、その命を共有することが、昔からこの地で生きてきたイヌピアックエスキモーであることの証にさえなっていることだ。

アンドリューの顔つきは、太古からのエスキモーのイメージそのもので、パーカーをかぶった顔などを眺めていると、過去にタイムスリップした思いがする。上の前歯が一本しかないのはケンカばかりしていたのが原因だそうで、暴れたことで捕まって、何度かフェアバンクスにある刑務所に入ったそうだ。

エスキモーはアルコール中毒に陥りやすいらしい。理由として、白人などと比べてエスキモーの身体はアルコールを分解する酵素が少ないこと。さらには、家族単位で昔ながらの暮らしをしていたのに、政府の方針で一ヶ所に集められて生活するようになり、通信網も整備され、世界中の情報がエスキモーの住む原野にまでリアルタイムで届くようになった。すると、エスキモーの若者たちは、自分たちの置かれている環境や状況が、都市に住む一般的なアメリカ人とあまりにかけ離れていることに衝撃を受け、心を病んでしまう人が続出するということだ。自分たちのアイデンティティーを捻じ曲げられ、否定される悲劇に否応なしに投げ込まれてしまったのだ。酒に溺れ、自殺してしまう人があとを絶たない。

そのため政府から飲酒を禁止されているのだが、若いころのアンドリューは、さんざん酒浸りになっていたという。今は自分ではあまり酒は飲まず、家で密造ビールを作って知人に売っていると笑っていた。弟のベンも若いころはさんざん暴れまくったそうだが、奥さんがベンを良い方向に導いたそうで、今では兄貴のアンドリューよりもしっかりして、優しいが頼りがいのある男といった風格が滲(にじ)んでいる。

翌朝も早くから辺りを捜索するが、カリブーの群れは見当たらない。恐らく群れは通り過ぎてしまったのだろうと判断し、ここで待つことはやめ、北へ追ってみることにした。運が良ければ最後方のカリブーを見つけられるかもしれない。

二台のアーゴに分乗し、激しく揺れるツンドラを北へと進んだ。しかし、行けども行けどもカリブーの姿は見えず、何度もアーゴを止めては双眼鏡を覗くが、まるで痕跡なし。カリブーの民と共に追いかけても、群れに遭遇するのはとても困難なことなのだ。皆の胸の中で、だんだんとあきらめの気持ちが大きくなってくる。今日中に村へ戻るので、あまり遅くまでいることができないのだが、最後の望みをかけてもう少し北へ移動してみることにした。

しばらく走るとなんと、遠くを歩くカリブーの姿が見えた。数えてみると全部で七頭。皆の顔がパッと輝き、こころ浮き立った。

200メートル程離れたところでアーゴを止め、アンドリュー、ベン、そして14歳のマ

ライフルのスコープをのぞき、カリブーを探す。

ークの三人はライフルを取り出し、低い体勢になって素早くカリブーに照準を合わせた。

そばで見守る僕の心臓が、どきどきと激しく胸を打っている。ベンが指笛を「ピューッ」と鳴らすと、カリブーが立ち止まり、一斉にこっちを向いた。その瞬間、乾いた爆発音を響かせ、数発の弾丸が発射された。弾は急所である心臓を撃ち抜いたようで、一頭が崩れ落ちるのが見えた。もう一頭、脚に命中し、よろよろと歩いている。アンドリューがそのカリブーの間近まで行き、とどめの一発を撃ち込んだ。一頭はベン、もう一頭はなんとマークが命中させた。マークは昨年初めてカリブーを一頭撃ち取り、今回が二頭目だった。

息をとめ横たわるカリブーを触ってみると、柔らかな袋角（ふくろづの）や体は、とても温かかった。そしてその瞳はまるで生きているかのように、きらきらと輝いていた。原野をさすらう光景からは、その大きさを比較する術がなくて実感がなかったが、目の前のカリブーは、とても大きな生き物だった。

野生動物が過酷な自然界を懸命に生きぬき、その命の輝きをカメラに収めたいと常に願っている僕は、頭で理解しているとはいえ、何とも言いようのない複雑な気持ちになった。地球上の生命はみな、自分たちが生きるために他の命を奪って自らに取り込んでいく。それは良いことでも悪いことでもなく、ごくごく自然なことなのだ。僕の気持ちが動揺するのは、それだけ自然の流れから遠のいて生きているということなのだろう。

ナイフを使ってマークがカリブーを解体しはじめ、ベンが横について色々と教えている。

狩りや解体の方法は遥か昔から、経験を積んだ大人たちが若者に手ほどきし伝えていく。ぎこちなく遅々として進まないが、マークは一生懸命に満面の笑顔で解体していく。その表情はとても誇らし気だ。僕はこの光景をどう受け止めればよいのかよく分からず、ただ写真を撮ることに集中した。そうすることしか自分に出来ることはなかったからだ。

「カリブーが獲れて、今日はハッピーだ」

そう言うと、もう一頭のカリブーをアンドリューがさばきはじめた。カリブーに抱きつき、周りを飛び跳ね、腰をかがめたかと思うと上半身を右に左に揺らしながら、互いに息を合わせるように、射るような眼差しで一切の迷いもなく的確にナイフを入れ、全身で踊るようにさばいていく。狂気のような近寄りがたさに衝撃を受けたが、ときどき体の部分について説明をしてくれるその話し方は、いつものアンドリューそのものだ。

毛皮は途切れることなく完璧な一枚となり、肉の部位が切り分けられ、内臓が取り出される。肝臓や腎臓に手づかみで食らいつき、うまそうにほおばる。僕にもナイフで切ってくれた。口に含むとどちらもまったりとして濃厚であり、新鮮な血の味がする。角の先を切り取って中身を食べさせてくれた。この時期の角は外皮に覆われた袋角の状態で、外皮には血管が通り骨を硬くするカルシウム分などを運んでいる。夏から秋にかけて中身が骨化して硬くなり、晩秋になると血流の止まった外皮が剥(は)がれ落ちて枝角となるのだが、今はまだそれほど硬くはなっていない。味はあまり無いが、コリコリとした固い寒天のよう

ナイフ一本でカリブーを解体するアンドリュー。

な食感が悪くない。

彼は毛皮の裏に付いている寄生虫も、良質なタンパク質だと言って口に放り込んだ。その小さな三葉虫のような寄生虫を見つめ、僕は一瞬迷ったものの、さすがに食べるのを押し留めた。ついさっきまで生きて草を食(は)んでいたカリブーが、目の前で手際よくバラバラになっていく。

カリブーと踊るエスキモー。

気迫に満ちた無駄のないその動きの美しさに、僕は鳥肌がたった。

最後に胃袋を割き、彼は胃の中のまだ消化しきれていないドロッとした草をつかみ取って、手や腕についた血糊をごしごしと落とし始めた。このやり方が血糊を落とす最良の方法だという。

パーツだけになってしまうと、それはすでに生き物という感じではなくなり、胸の内を圧迫していたものがだんだんと治まっていった。カリブーを仕留め、嬉々として解体していく彼らの心境は、今の僕には本当のところで理解ができない。毎日のように肉を食べているが、自分で食べるために動物を殺したことがないからだ。だから、この光景を胸にしっかりと刻みつけておかなければならない。カリブーの死と肉を消化し、自分の血肉になった時には、これが自然の流れであることを少しは受け入れられるかもしれない。それは彼らの喜びが、生きることの喜びそのもののように思えるからだ。

エスキモーたちと別れ、僕はアナクトブックパスを後にした。大移動には遭遇できず、少なからずの落胆は隠せなかったが、カリブーの旅がいつも命の危険と隣り合わせであり、カリブーと共に生きるエスキモーの息吹を、肌で感じることができた。貴重な時というのは、いつでもあっというまに過ぎ去っていく。

カリブーの群れを探す手段の一つとして、アラスカの原野を北極海まで唯一縦断しているジェームスダルトンハイウェイを、車で北上することにした。フェアバンクスから北極海まで、その距離は８００キロ。一台の大きなバンに撮影機材を全て積み込み、この道を往復するのだ。ほとんどが舗装されていない、穴ぼこだらけのガタガタ道だ。日本の三倍もの面積を持つアラスカがどれほど大きいのか、南北を貫く一本の道を走ることによって身体で感じとれるだろう。フェアバンクス周辺には細い針のようなトウヒの木々が生えているが、風景はだんだんと変化し、北へ行くにつれ高い木々は無くなり、草や灌木だけになる。道沿いには、油田がある北極海沿岸のプルドーベイから、南のアラスカ湾に面したヴァルディーズまで、原油を運ぶ日本製のパイプラインがえんえんと続いている。アラスカは昔、金が沢山発見されてゴールドラッシュとなったが、今は豊富な埋蔵量を誇る油田のおかげでオイルラッシュに沸き、州民全員にオイルマネー（アラスカ恒久基金。現在２０００ドルから３０００ドルで変動制）が配られるそうだ。

ハイウェイを北上しつづけ、北極圏へと突入した。北極圏とは北緯66度33分39秒より北

開けた原野にいたジャコウウシ。

の地域を示す言葉で、真冬は太陽が顔を出さない一日中真っ暗な極夜となり、真夏には太陽が沈まない一日中明るい白夜となる。5月から6月にかけてのこの時期は、真夜中に少しだけ太陽が沈む。朝から走りつづけて時間は夜の8時頃だが、昼間のように明るい。

ブルックス山脈の南の裾野で、ハイウェイのちょうど中間点となるところに、コールドフットという小さな町がある。おもに北極海の油田とフェアバンクスやアンカレッジとの間で、荷物を運ぶトラックの運転手が休憩や給油をするためのモーテルやガスステーションがある。我々も今夜はここのモーテルに泊まることにした。

翌日も朝からハイウェイを北上する。道沿いでは沢山の動物たちを見かける。カンジキウサギが薮から飛び跳ね、アカギツネが獲物のネズミをくわえている。マンモスと共に生きた、氷河期の生き残りといわれるジャコウウシの群れもいた。パイプラインのそばにいるグリズリーを見つけ、カメラを担いで用心しながら近づいていったが、何かに驚いた様子で、突然走り去ってしまった。岩山の上の方で白い点に見えたのは、野生の羊のドールシープだった。まだ小さい子どもを連れた親子もいる。切り立った岩場に生息するのは、外敵から身を守るためで、わずかに生える新芽だけが栄養源となる。

ブルックス山中へと進み入ると、開けた谷間に凍りついた小さな湖があった。距離があって肉眼ではよく分からなかったが、大きなネコのような動物が湖上を歩いている。超望遠レンズで覗いてみると、なんとオオヤマネコだった。オオヤマネコは普通森林に生息し

山の斜面にいたドールシープの親子。

ているのだが、こんな北の、しかも樹木の無い場所で見かけるのはとても珍しいことだし、僕自身、野生のオオヤマネコと出会ったのは初めてだ。オオヤマネコにとってもカリブーは重要な獲物なので、もしかしたら移動するカリブーを追ってここまでやってきたのかもしれない。

ハイウェイもブルックス山脈を越え、ノーススロープへと突入した。ところどころ雪の融けた箇所から草がのぞき、大半はまだ雪原となっているツンドラ上では、ガンやカモなどの渡り鳥がそこかしこで群れている。だがお目当てのカリブーの姿はまだ一度も見かけていない。カリブーはいったいどういうルートで移動しているのだろうか。ジャコウウシやオオヤマネコといった、単独もしくは少数の群れしか作らない希少な動物たちに次々と出会いながら、それらに比べて圧倒的な生息数を誇るカリブーにはまるで出会えない。カリブー探しの旅はまだまだ始まったばかりだというのに、僕はもう焦燥感にかられている。

でこぼこ道800キロを走破し、北極海沿岸の油田開発の町であるデッドホースに到着した。油田関係者以外の一般の人は、自由に北極海まで行くことはできず、油田基地のゲートでチェックされてから基地所有のマイクロバスで敷地内に入り、海沿いまで案内される。

北極海はまだ一面凍りついており、今年は例年より氷が融けるのが遅いという。そういった気候の変動も、カリブーたちの行動に影響しているのかもしれない。

デッドホースにある、油田で働く従業員用の宿泊所で一泊し、翌日コールドフットに向けて折り返した。水鳥たちの群れる平坦なツンドラを走り過ぎるとだんだんと起伏が大きくなり、ハイウェイはブルックス山脈へ続くのぼり坂になる。そしてサンセットパスと呼ばれる峠にさしかかった。時速90キロ位のスピードで走っていると、突然前方に、道を横切るカリブーの姿が見えた。あわてて車を道の脇に止め、超望遠レンズを付けたカメラを肩に担いでカリブーの近くへと急いだ。

やっと出会えたカリブー。

群れと呼ぶにはあまりに少なかったが、それでもブルックス山脈の北までやってきていたのだ。僕は夢中でシャッターを切った。草を食んでいた数頭のカリブーたちは、どんどん近づく僕に気づいて顔を上げた。すると突然くるりと踵（きびす）を返し、スピードを緩めることなく、ツンドラの彼方へと走り去ってしまった。まだ１００メートル以上も離れていたというのに。本来なら少しずつゆっくりと接近しなければならないのに、気持ちがあせっていて、近づくのが早過ぎたのだ。カリブーがどういう動物であるのかを、まるで分かっていない僕のミスだった。オオカミやグリズリー、人間たちに命を狙われるカリブーは、想像以上に警戒心の強い生き物であることを思い知り、悔しさと自己嫌悪に包まれた。

エスキモーと共に追い、地上からは車を使って探し求めたが、カリブーの大群にはまったく出会えない。ただただ、果てることのない原野を、困難な思いをしながらさまよっただけだ。地平線の彼方まで見渡せるというのに、本当にこの土地に大群などいるのだろうか。野生動物を相手にするには、じっくりと時間をかけなければならないことを頭では分かっていたが、一刻も早く結果を求めてしまう気持ちから、かなり半信半疑になっていた。いよいよ最後の手段として残しておいた、飛行機を使って空から探すときがきた。東西に連なるブルックス山脈の北、北極海までなだらかに広がるノーススロープ。その真っただ中に、人の住む世界から隔絶され、北極海まで40キロ足らずの場所にぽつんとあるのがカビックキャンプだ。その昔、天然資源の採掘基地として作られたこのキャンプは、現在は小型飛行機の給油基地をかねた、生物学者やハンターなどが利用するコンテナを連ねた宿泊施設になっている。カビック周辺にカリブーの大群がやってくると聞いた僕は、ここを基地にして毎日空から探すことにした。フェアバンクスで会ったパイロットの湯口さんとは、ここで再会した。

広大なノーススロープの空からカリブーを探し、毎日何時間も飛び続ける日々が始まった。一度に飛ぶ範囲はだいたい半径200キロ程。北海道全域をぐるっと見て回る感じだ。しかしいくら大群とはいえ、気の遠くなるほど広い原野でやみくもにカリブーを探しあてるのは、あまりに無謀すぎる。そのため、カビック周辺を飛ぶ他の何人ものパイロットと無線で連絡を取り、カリブーの群れを見つけたらすぐに教えてくれるように、スーザンが手配をしてくれた。スーザンはキャンプの世話をしている女性で、誰も来ない真冬も、ず

湯口さんと愛機
ハスキー。

っとここに一人で暮らしている。毎日おいしいご飯とデザートを作ってくれるスーザンは、八ヶ国語を話せる自らも経験豊かなハンターであり、カリブー探しでもとても頼りになる。唯一、日本語を話せないのは少々残念ではあるが。

山間の谷沿いは、有力なカリブーの移動ルートで、上空から見ると無数の足跡が大地に刻まれているのがよく分かる。その度に、より注意深く周囲を見回すのだが、この足跡がついさっき通ったものなのか、それとも五十年前のものなのか、まるで判別することが出来ない。毎年同じルートを通るわけではないのだが、ツンドラの大地は一度足跡が刻まれると、長い年月を経てもその足跡はほとんど消えることがない。ここ北極圏では灌木の成長が極端にゆっくりで、枝が折れてもすぐには回復できないのだ。これらははるか昔から、カリブーの群れがブルックス山脈を越えて旅をしてきたしるしである。数十年前に天然資源採掘のために走っていたトラックの轍(わだち)も、空から見るとくっきりと残っている。巨大な谷にぽつんと浮かぶ小さな飛行機で、過去と現在を行き来するカリブー探しは、原始の風景のなかで時空をさまよっているような感覚になってくる。空からみる極北の大地は色とりどりで、太陽光の変化をともなない不思議な模様を様々に表し、ずっと見入ってしまう。

しかしノーススロープの上空は寒い。ありったけの服を着ていても寒いのだ。どれだけ着ているのかというと、上がウールの薄手の長袖Tシャツ、ウールの厚手のセーター、フリースのインナージャケット、その上に防風性の厚手のフリースジャケット、一番上に中

こんな僻地なのに、頼り甲斐満点のスーザン。

綿の入った厚手の防風ジャケットを着る。もちろん厚手のニット帽もかぶり、首を覆うネックゲイターもつけている。手袋だけはカメラを扱うのであまり厚手のものは使えず、薄いナイロンのグローブの上に、指先がカットされた、フリースと皮でできたグローブを組み合わせている。下はウールのタイツをはき、その上にダウンパンツ、一番外に防風性で二重に生地が織り込まれた化繊の厚手のズボンといった具合で、ウールと化繊の厚手の靴下を二枚はき、その上に分厚いフェルトインナーの入った防寒長靴をはいている。これだけしっかりと防寒対策はしているが、ときには窓を開けて冷たい強風にさらされながら撮影し、そんな状況で身動きの取れない狭いコックピットに座って何時間も飛び続けると、身体はガチガチに固まってしまう。

それにおしっこを我慢するのも大変だ。「どうしてももれそうな時はこれにすればいいよ」と、湯口さんは愛用の空のペットボトルをひょいっと僕の方へ差し出した。彼は慣れっこらしく、飛行機を操縦しながら上手くやるのだが、僕は何となく試す気になれずにぎりぎりまで我慢してしまう。幸い、湯口さんの愛用ボトルを一度も借りずにすんだが。

何度目かのフライトで、とうとうカリブーを見つけた。やはりノーススロープにやって来ていたのだ。雌は妊娠期間末期から授乳初期にあたる春から初夏にかけて、エネルギーとタンパク質をもっとも必要とする。雄は発情期の他の雄との争いに向けて、角と首の筋肉を成長させる時にもっともエネルギーを必要とするため、雌より少し後の真夏に栄養摂取のピークをむかえる。冬の主食である地衣類に比べ、ツンドラの新芽は格段に栄養が豊富だ。新芽はまだ芽吹き始めたばかりだが、これから真夏にかけて、ツンドラは見渡す限りの新芽に覆われ、その新芽を一頭が毎日5キロも食べるという。そして食べ物の豊富なこの土地で、初雪の降る晩秋まで子育てをする。カリブーにとってノーススロープは、うってつけの場所なのだ。しかし群れは小さくて、とても大群とは言えない。僕らはさらに広い範囲を飛んでみることにした。

ノーススロープのあちこちで、カリブーの小さな群れを発見した。数頭から数十頭のいくつもの小さな群れが、南からブルックス山脈を越え、谷を渡ってここまでやって来ている。

そしてこの小さな群れが合流を繰り返し、しだいに巨大な群れとなってさらに北へと大移動するのだ。北へ北へと向かうカリブーたち。黙々と歩き続けている。そのなかには生まれたての子どもも数多くいる。子どもは産まれ落ちてすぐに立ち上がり、一日を待たずに母親について歩くようになる。つねに肉食獣に狙われるカリブーの、優れた防衛本能だ。この小さな群れが寄り集まって数万頭の大群となるには、もう少し時間がかかりそうだ。

カリブーたちの後を追うように、グリズリーの姿が見えた。この周辺に生息するグリズリーにとり、カリブーは待ち望んだ大きな獲物に違いない。冬ごもりで減少した体重を増やす、絶好の獲物であるカリブーを襲うチャンスを狙っているのだ。鹿の仲間は本来森林性であるが、身を隠すことが難しいノーススロープで子育てをするため、大群になることはグリズリーやオオカミといった外敵から身を守りやすくし、少ない犠牲で済ますためにあみ出したカリブーの作戦なのかもしれない。

風が強い日は飛行機を飛ばせず、一日中キャンプで待機することになる。片道4マイル程行ったところにシロフクロウの巣があるとスーザンが教えてくれたので、僕は歩いて行ってみることにした。上空から見ていたツンドラは、丸くモコモコとした草の塊が延々と続いているだけで、特別険しい地表には思えなかったのだが、地上に立つとまるで別物で、穴ぼこだらけでぬかるんだツンドラはとても歩きにくく、あちこちに積もる残雪に腰まで埋まり、そのたびに全身に力を込めて抜け出さなければならない。カリブーたちが颯爽と駆け抜けるツンドラが、こんなにも歩きづらいとは思ってもみなかった。気温の低さにもかかわらず、僕は汗だくになって進んでいった。雪解けで水かさを増した川沿いを歩いていると、グリズリーが対岸の斜面で立ち上がり、こっちをじっと見ていた。

スーザンに教えられた地形らしき場所に到達し、周囲を散策してみる。すると灌木に丸く囲まれた1メートル程盛り上がった場所に、中央に草を敷き詰めた直径2メートル程の巣を発見した。巣立ってしまった後なのか、残念ながらシロフクロウの姿は無かった。しかし一目でそれと分かる生命の痕跡に、大自然に隠された秘密の場所を探し当てたような気持ちになった。それと同時に、スーザンがしてくれた場所の説明も、的を射たものだと

シロフクロウの巣を発見した帰り道、出会ったカリブー。

感心した。

帰る途中、遠くにカリブーの群れを見つけた。前回の失敗を繰り返さないよう慎重に、ゆっくりと群れに近づいていった。カリブーが草を食みながら時々顔を上げてこっちを見る。その瞬間、僕は立ち止まってじっと動かずにいる。そしてまた草を食み始めたら、少しずつ近づいていく。だるまさんがころんだ作戦だ。

たっぷりと時間をかけたその方法は抜群に上手くいき、息づかいまで感じられる30メートル程の距離まで近づくことができた。これはあらゆる動物に使える優れた方法なのだ。

間近で見るカリブーはとても大きく、首も太くてがっちりとした体躯（たいく）で、ツンドラを駆け巡り長い旅をこなす生命力に満ちあふれているのがよく分かる。警戒心は依然としてたたえたままだが、とても優しい瞳をしているので、大型動物に接するときに覚える恐怖心はほとんど感じない。冬毛から夏毛への換毛期で少しぼさぼさした体毛や、成長過程の袋角などがふわふわして、全身から発する印象はとても柔らかなものだった。

強風で二日間飛ぶことができず、次の日も状況はあまり良くなかったが、午後からなんとか飛び立つことにした。ヘラジカが五頭いるのを発見し、低空飛行で撮影をする。この日は西から北の方を四時間半飛んでみたが、カリブーの群れを見つけることはできなかった。

昨日群れのいた場所を飛んでみても、一日たつと辺り一面、影も形も見えないことが当たり前のカリブーは、ツンドラのゴーストと呼ばれているとスーザンが教えてくれた。カリブーの行方は誰にも分からないのだ。大きな動物の、しかも大群でありながら、それらをすっぽり包み込んで隠してしまうノーススロープの原野は、あまりにも大きすぎる。僕は無力感でいっぱいになりながらも、わずかな望みを絶やさないように葛藤していた。

ノーススロープを飛ぶ他のパイロットから、かなり大きな群れがいるとの情報が無線を通じてキャンプに入ってきた。僕たちはその情報にざわめきたち、今度こそと期待を膨らませた。地図を広げて調べると、カビックから北西の方角だ。さっそく飛行機に乗り込み、目撃したという地点へ向かった。目的地上空に到達し、周辺を碁盤の目をなぞるように飛んで探してみたが、小さな群れがぽつぽつと見えるばかりで、大群に遭遇することはできなかった。落胆した僕らはキャンプに戻ることにし、機首を南東へと向けて戻り始めた。

雪と灌木がまだらになった大地に目を落とすと、雪の上に黒い塊が見える。高度を落とし近づいてみると、それは三頭のグリズリーが寄り集まっているところだった。さらに地上スレスレまで高度を落として見ると、獲物を仕留めた直後らしい。三頭で分け合って肉片を食べている。脚の大きさからすると、襲われたのはどうやら子どものカリブーだ。体の大きいグリズリーだが、時速50キロものスピードで走ることができる。まだまだ逃げ足の遅い子どもが捕えられてしまったのだ。

こんな光景はなかなか見ることができない貴重な瞬間だ。僕は湯口さんに頼んで何度も何度も超低空で接近してもらい、シャッターを切り続けた。スピードと高度を限界ギリギリまで落とすこんな飛び方は危険極まりなく、安全を考えればとても了承できないことだったが、どうしても間近で撮りたいという僕の向こう見ずな願いを聞き入れてくれたのだ。湯口さんの並外れた操縦テクニックがなければ、このような撮影は不可能だっただろう。三頭のグリズリーがカリブーを食べ終え、この場を去るまで撮影を続けた。

大移動の途上でいったい何頭のカリブーが命を落とすのだろう。エスキモーなどの先住民族、グリズリーやオオカミ、オオヤマネコといった食物連鎖の頂点にたつ生き物たちの獲物となり、おこぼれをキツネなどの小動物や鳥たちが余すこと無くたいらげる。一つの命が、他者の命を支えていく。野生の厳格な連鎖を垣間みた瞬間だった。

7月になるとノーススロープは一面の緑に覆われる。地上の残雪もすべて解け、小さな花々が咲き乱れる。北極圏の短い夏の到来だ。いったん日本に帰っていた僕は、ふたたび空からの捜索を始めるべく、ひと月ぶりにこの地に戻って来た。でも、カリブーは大群になっているのだろうか。僕の胸の中は期待と不安が入り交じっている。

この季節特有の大量の蚊やハエ、アブ、ブヨも発生し、払っても払っても全身にまとわりついてくるのにはかなり参る。だがこれはいい兆候だ。一説によるとこの大量の蚊やハエを嫌って、カリブーたちが群れをなすとも言われているからだ。これらの蚊やハエがただ刺すだけでなく、トナカイハナバエなどはカリブーの鼻の穴に入って卵を産みつけ、そ

れが寄生虫となって体を蝕んでいく。体調が悪くなるだけでなく、最悪は命まで落としてしまうという。いやがるのも当然だ。

上空に舞い上がると、見渡す限りの大地はすっかりと夏の装いになっていて、照りつける日差しが北極圏とは思えぬほどに強い。丘の上にはドールシープが群れをなし、青々としたツンドラをオオカミが疾走している。初めて見た野生のオオカミ。風にたなびく白い体が、広大な原野のなかで輝きを放っていた。

カビック近くを飛ぶパイロットから、カリブーの大きな群れを目撃したという無線が入った。今度こそはという思いを胸に、僕らは急いで目撃された地点まで飛んでいった。すると待ち望んでいた光景が、徐々に目の前に広がってきた。

「すごい、すごい」

カリブーの大群だ。

遠くからでもはっきりと見てとれる無数の集団だ。しかもあちこちに群れをなしている。極北の斜光線を浴び、大地に溶け込むような黄金色に輝いている。ある群れは移動し、ある群れは川を渡り、またある群れは草を食んでいる。大移動するカリブーの大群にやっと出会うことができたのだ。飛行機の窓を開け放ち、身を乗り出して夢中でシャッターを切った。強風でカメラがぶるぶると震えて飛ばされそうになる。レンズとボディを両手でしっかりと握りしめ、写真がブレないために、シャッタースピードをできるだけ速くする。

飛ぶ位置や翼の角度を指示し、絶好のアングルを探し続ける。自分で操縦できないのがもどかしい。だが、思い描いた夢の真っただ中に僕はいる。

群れをたどって飛び続けるうちに、いつしか北極海上空にまで達していた。こんな大地の果てにまで、カリブーの大群はやってきていた。目には見えない北極の磁力に引き寄せられるかのように、何千キロもの旅をして、北極海までたどり着いていたのだ。もうこれ以上は北へ進むことはできない。地球の天辺が、カリブーたちの終着点だ。

驚かせないように群れからだいぶ離れた場所の、できるだけ平らに見えるツンドラに狙いを定め、飛行機を下降させた。何度か激しくバウンドし、でこぼこのツンドラに飛行機を無事に着陸させた。地上に降り立ち、望遠レンズをかかえて遠くの群れに近づいていった。

群れは一列になって移動している。しかし、カリブーと僕とでは、ツンドラを歩く速度が比べものにならず、追えども追えども近づくことができない。そのうちに群れは走り始めた。つられるように、僕も重いレンズを肩に背負って走り出した。やっと出会えた大群に少しでも近づきたかった。でも群れは僕に背を向けどんどん遠ざかっていく。ツンドラを駆け抜けることで生き延びてきたカリブー。長靴をはいた人間など、肺が壊れるまで走ったところで視界の隅にも届かない。

追うのをあきらめた僕はその場に立ち止まり、激しい呼吸で肩を震わせながら、走り去

ツンドラの原野で見つけた、骨となったカリブー。

る蜃気楼のようなツンドラのゴーストたちをじっと見つめた。その光景はまるで、大地が揺れ動いているようだった。

カビックに戻ると薄明かりの白夜に、数頭のカリブーが歩いていた。春の訪れとともに、北へ北へとブルックス山脈を越え、北極海沿岸まで何千キロも旅をする。そしてまた秋が深まり初雪が降れば、南へと向かって何千キロも旅をする。動物たちも人間も、みなカリブーがやってくるのを待っている。

ノーススロープが豊穣な土地とはいえ、季節が訪れればアラスカ全土に新芽は芽吹き、食べ物に困ることはないはずだ。なのになぜ、危険をくぐり抜けることが生命の証であるかのように、北へ向かって長い旅をしなくてはならないのだろう。僕がここにいるのも、目には見えない何かの力に引きつけられたせいなのだろうか。だが本当のことは誰にも分からない。もしかしたら、カリブーたちでさえ知らないのかもしれない。

がっちりとした体躯のカリブー。その大きなカリブーが何万頭もの大群でいながら、それすらも飲み込んですっかり隠してしまう、果てしなく広がるノーススロープの原野。カリブーはアラスカの多くの生命を支えている。そのカリブーたちを育んでいるのが、このノーススロープの大自然なのだ。この土地で、ツンドラのゴーストと呼ばれるカリブーの大群に出会うには幸運が必要だ。巨大な自然に溶け込んだゴーストたちは、目には見えないからだ。でも僕はたくさんの人々に助けられ、大移動をほんの少しだけ目撃した。そして夢を追いかけるうちに、夢にも思わなかったような数々の貴重な体験を重ねていった。

カリブーが旅する一年のうちで、僕が見たのは晩春から初夏にかけてのわずかな期間でしかない。大きな角へと変貌を遂げ、雌をめぐって激しい闘いをする雄たち。紅く色づいたツンドラに初雪が舞う晩秋、南へと大移動する大群。群れを解き、家族や少数の仲間で越冬する凍てつく真冬の光景はいったいどのようなものなのだろうか。いつか見てみたいと思う。あらたな夢のはじまりだ。

横たわるように、朽ちゆくカリブーの骨があった。極北の大地に生きるたくさんの命をつなぎ、自らを育んでくれたツンドラへと還ってゆく。何千年、何万年の昔から二十一世紀の今日まで、カリブーをめぐる生命の旅はずっと続いている。

カンダチメ｜青森県下北半島

オオワシ｜北海道知床半島

ニホンカモシカ｜青森県下北半島

ニホンザル｜静岡県伊豆半島

第三章 日本の野生

北海道の大地で

独立したばかりの頃は、アラスカやカナダといった北米に意識を傾けていて、日本での撮影は、あまり本格的にしていなかった。しかしいつの日か、エゾヒグマを見てみたいとはずっと前から思っていた。

日本で生まれ育ちながら、一度も見たことがないエゾヒグマは僕にとって、未知なる自然の象徴のような存在であった。ヒグマを育む北海道の自然には、漠然とした憧れのようなものを抱いていて、クマ以外の様々な動物たちの生きる姿もぜひとらえてみたかった。

フリーランスの写真家になって三年目の初秋、念願の北海道取材を行った。車に機材やキャンプ道具などを満載し、茨城の大洗から太平洋を航行するカーフェリーに乗って北海道へと向かった。丸一日ほどの船旅を終え、苫小牧港に上陸し、車を走らせる。大気は凛（りん）として芳しく、未知なる大地に挑む清々しい気持ちで満たされていた。

最初は北海道の真ん中にそびえる大雪山系に向かった。標高２２９１ｍの旭岳を頂点とし、いくつもの頂を有する火山群である大雪山系は、貴重な動植物の宝庫である。そのなかのひとつ、白雲岳を目指すことにした。目当ては、標高の高いガレ場にすんでいるナキウサギ。氷河期の生き残りといわれ、日本では北海道の高地にしか生息していない。この地域は冬になると10メートル位の積雪になる。冬眠をしないナキウサギは春から秋にかけて、イワブクロやエゾリンドウといった花や草などの植物をせっせと集めて巣穴に持ち帰り、長い冬ごもりの保存食にする。縦横に張り巡らされた溶岩の隙間が、かっこうの住処となるのだ。つぶらな瞳で可愛らしい顔をしているが、極寒の冬を乗り越える、強靭な生命力を秘めている。マンモスのような巨大な動物が絶滅してしまった氷河期だが、どうしてこんなに小さくて華奢な動物が生き延びることができたのだろう。ナキウサギは見た目では判断できない、複雑な生命の仕組みを解き明かしてくれるのかもしれない。

謎に満ちたナキウサギに対して、ちょっと特別な思いを寄せながら、北海道を訪れたらぜひ見てみたいと望んでいた。

登山口に車を停め、荷物を整理する。一週間山の上でキャンプをする予定なので、荷物もそれなりの量となる。テントやシュラフ、マット、水と食料、バーナーやガスといったキャンプ道具。それにカメラと600ミリをはじめとするレンズ群、カメラザック、三脚やパソコン、バッテリーなどなど。登山用具専門店で一番大きなザックを買っていたので、それに詰め込めるだけ詰めこんだ。それでも入りきらない物は、ザックの外に括りつけておいた。見た目からして相当なボリュームとなったが、そのときはあまり気にもとめていなかった。それがかなり無謀だと分かったのが、車から登山口までザックを背負って歩いて行くときだった。

重い。それもかなりの重さだ。

ほとんど傾斜のないところでこれだけ大変だと、登り始めたらどうなるのか大きな不安がよぎった。しかしここまで来てやめるわけにもいかず、なんとかなるさと思いつつ、両腕でステッキを突きながら歩みを進めていった。登りはじめてすぐに、荷物の量が自分の登攀（とうはん）能力を大幅に超えていることを悟った。これまでも時々山には登っていたが、これほどの荷物を上げたことはない。二十歩歩いては休むようなペースで登っていった。そうとう悲壮な顔をしていたのだろう。下りてくる登山者から、大丈夫ですかと声をかけられる始末だ。

出発した時間が昼頃というのも山をなめていた。地図によると四時間程の行程だったが、それはすんなり歩いての時間で、かたつむりのような進み方ではまるで参考にならなかった。案の定、道半ばにして日が暮れてしまい、混乱と焦燥が胸中をうずまき途方にくれた。気の利いた案も浮かばず体力も尽き果て、しかたなく登山道の脇にテントを張り、一晩を過ごした。翌朝早く、飯もそこそこにテントをたたみ、再び登りはじめた。やはり歩みはのろく、遅々として進まないが、それでも昼頃にはなんとか山小屋までたどり着くことができた。自分の経験の無さや、見通しの甘さがもたらした苦行のような行程だったが、着いた時には安堵（あんど）と喜びに満たされた。荷が重いときは、二回に分けて荷上げをするべきだとつくづく思った。その日は山小屋に泊まり、翌日からはテントを張った。

白雲岳の上にあるガレ場で、ナキウサギを待つ。

野営地からさらに上に登ると広大なガレ場があり、そこで一日中待つことにした。ナキウサギの名前の由来ともなった、チキーチキー、ピュルルルッ、といった金属音のような甲高い鳴き声がときどき聞こえてくるのだが、姿はまるで見えない。9月初旬とはいえ、山の上はかなり冷える。着ている服がまた、防寒性能に乏しい。ここでも気温の想定と服選びがちぐはぐで、毎日寒さを我慢することとなった。フィールドでの服選びは、いつになっても難しいものではあるが、この当時はとくに知らなさすぎた。朝から夕方までガレ場に座り込み、ナキウサギが出てくるのを待ち続けたが、まるでこの地域から一匹残らず消滅したかのように姿を現さない。目当ての動物を待つ悶々(もんもん)とした時間は、今も昔も変わらない。可能性を探って見当をつけ、あとは動物の気分に任せるしかないのだ。

ときには嵐に襲われ、撮影どころではなくなって、山小屋に避難することもあった。そんなときは、昼間でも薄暗い小屋のなかで、シュラフに入ってじっとしていた。ガレ場を転々としながら、なにも成果の無い日々がつづき、下山する予定日も近づいてきた。そう簡単に出会えるものでもないよなと、半ば自嘲気味に諦めかけたとき、10メートル程先の岩陰からナキウサギが顔を出した。待ち望んだ瞬間の到来に、慌ててナキウサギにレンズを向けた。そのままそこにとどまっていてくれよと念じながら、シャッターを切った。ナキウサギは草をくわえながら、こっちの方に顔を向け、ほんの少しの間、その場にとどまっていてくれた。

山の上で一週間待ち、
ようやく撮れた一枚。

このとき撮れたのは、このワンカットだけ。しかしワンカットが撮れた喜びは、それまでの我慢がすべてこの瞬間のための序章であり、必要な時であったことを教えてくれた。胸をなでおろした僕は山上での取材を終え、下山することにした。食料を消費した分、少しは軽くなった荷物だが、それでも重い。二回に分けて下ろそうかとも考えたが、それも面倒だったので、一気に下りることにした。喉元を過ぎれば、すぐに熱さを忘れてしまう。子どもの頃からそれは変わらない。登りに比べ、はるかに短い時間で無事下山できたのは、幸いだった。

白雲岳を後にし、僕は知床半島に向かった。ヒグマと出会うためだ。

ヒグマが数多く生息する北海道とはいえ、どこに行けばいるのかはさっぱり分からない。ここはやはり生息地として最も有名な、知床半島に行くことにしたのだ。ウトロにあるビジターセンター周辺や、知床五湖のあたりにもクマが頻繁に出没するとのことだが、やはり知床奥地にあるルシャ地区に行ってみたかった。奥地を流れるルシャ川河口周辺は、昔からヒグマがよく現れる、知る人ぞ知る場所である。しかし、奥地へと続く林道は、カムイワッカ湯の滝の先からはゲートに閉ざされており、漁業や林業関係者しか通行することができない。さてどうしたものかと思案する。

知床から１００kmほど離れたところに美幌（びほろ）という町がある。明治時代の末期に、僕の祖父が開拓民として福井から移住し、ここで農業を始めた。北海道の手付かずの原野を開拓するのは想像を絶する困難の連続だったであろうが、祖父はなんとかこの地に基盤を作ることができたようだ。そして昭和の初め頃に僕の父親が生まれ、この土地で育った。父親は高校進学とともに美幌を離れてしまったが、父親の兄弟をはじめとする多くの親戚が今もなお住んでいる。そのなかで父親のすぐ上の兄である伯父が、家具や木工製品の加工販売店を営んでおり、町の世話役なども引き受けていて地元での顔が広いことを知っていた。そこでその伯父を訪ねて相談し、様々な方法を探ってみたのだ。伯父もいろいろと頭を捻（ひね）り考えてくれて、そのうちに顧客の一人である、行政に関係している人に行きついた。伯父と共にその人を訪ね、ありがたいことに様々なアドバイスをもらえた。そして教えてもらったしかるべき手続きを踏み、なんと通行許可証を手にいれることができたのだ。行きあたりばったりの状況で、まさかそのような幸運に恵まれるとは想像もせず、天にも昇る喜びで伯父と抱き合った。

　自然豊かな北海道のなかにあっても、知床半島の奥地は原始的な気配を色濃く宿した神秘的な土地であった。日本にもこのような場所があったのかと驚き、そしてうれしかった。

　これまで見てきたアラスカやカナダの桁外れなスケールをもつ自然とは比べものにならないが、野性的な密度はそれらと比較しても決して見劣りしないどころか、上回っているとさえ感じた。ガタガタの林道をしばらく進むと、急に視界が開け、連なる海岸が一望に見渡せるようになる。ここで初めてエゾヒグマに出会った。

玉石の海岸からわずかな平地を経て、山へと連なる斜面の中腹に二頭いた。首の周りが黄金色をしている。若くて同じくらいの大きさなので、おそらく兄弟だろう。ゆっくりと移動をしながら草を食んでいる。

川沿いの草原に寝そべっていた一頭が川に入り、サケを物色しながら上流からこちらの方へ歩いてきた。目の前まできた時に、サケを獲ろうと水中に勢いよく飛び込み、盛大に水しぶきを上げた。念願であったエゾヒグマとの出会いは、なかば夢のようであった。そして、足りなかったパズルのピースを、ようやくはめることができたような気がした。

外国ではクマを見ていても、日本のクマを見たことがないのは、やはりどこか片手落ちの気分がぬぐいきれなかったのだ。久しぶりのクマはやはり緊張するもので、近づいていくのに最初はためらいがあった。だが、ヒグマたちは僕をチラリと見るものの、特に興味を示すでもなく、河口のよどみや波打ち際で、サケやマスを追いかけるのに夢中である。僕もだんだんと落ち着きを取り戻し、よいアングルを求めて状況を観察するようにつとめた。

知床は、ヒグマやオオワシ、シマフクロウなどを生態系の頂点とする多種多様な生き物たちが、幾筋もの河川を遡上する大量のサケやマスとリンクし、渾然一体となって野生の

ルシャの林道に現れた若いヒグマ。

世界を形作っている。

２００５年に世界自然遺産となり、奥地への出入りが以前に比べて非常に厳しくなったとはいえ、人々の暮らしと隔絶されているわけではない。半島にはサケやマス、昆布漁師の番屋が点在しており、人とヒグマが顔を合わせることも昔から日常的である。しかし、歳をとった大きな雄グマなどは警戒心も強くなり、あまり人前には姿を現さないと、知り合いになった番屋の漁師が教えてくれた。日中、海岸沿いに出てくるのは子育て中の親子か若い個体がほとんどらしい。言われてみると、よく見かけるのは好奇心旺盛な若いクマが多い。巨大なヒグマは日没後、人目を避けてサケやマスを獲りに海岸へ来るのだろう。たとえ人との争いが少ないにせよ、歳を重ねるごとに人への警戒心を強めるのは、ごく自然でまともな成り行きだと思う。エゾヒグマは、北米やアジアにすむヒグマの亜種として認識されている。大きく分けると同じ種類なのだが、北米のヒグマと比べると、体も小ぶりで、毛の色なども月輪があったり、金色が差していたりとだいぶ印象が異なる。

海岸から山の方に目を向けると、稜線から親子のヒグマが海に向かって下りてきている。子グマは一頭で、あらゆるものごとに興味津々なようで、何かを見つけては様子を探ったり、じゃれついて遊んだりしている。母グマの額の真ん中には、傷なのか毛の生え方なのかよく分からないが、遠目でみるとホクロのような、仏の白毫（びゃくごう）のような跡がある。とても印象的な特徴なので、これ以降、翌年に再会したときにもすぐにわかるようになった。仏

波打ち際で漁をするヒグマの親子。

のような母グマ以外にも、一頭から、多いときは三頭もの子グマを連れた、様々な親子が海岸によく現れ、母グマがサケやマスを獲って子グマたちに与えている。河口のよどみにいる大量の魚たちは、はたから見ていると簡単に獲れそうな気もするが、実際にはそれほど簡単ではないようだ。漁に慣れている大人のクマも、かなり苦戦している様子で、腕前の差も個体によって明らかに異なる。そんな状況であるから、子グマがいくら一生懸命魚を追いかけたところで、なかなか捕まるものではない。それでも本能によるものなのか、それとも楽しくてしかたがないのか、嬉々として川のなかを駆け巡っている。母グマが捕らえたマスを横取りし、ピチピチと跳ね、そのあまりの大きさに困惑しながらも、爪で引っ掻いたり、噛みついたりしている。そのようにして、徐々に獲物に馴染んでゆくのだろう。

ねぐらはというと、山のなかにあるようだ。尾根の向こうから現れて斜面をくだり、海岸付近にしばらく滞在したあと、母グマの足元に子グマがじゃれつきながら、また山の上へと帰ってゆく。あるとき、二頭の子グマを連れた母グマが、山の中腹でお乳をあげている光景に出くわした。懸命にお乳を吸う子グマたち。濃厚で脂肪分の多いクマの母乳は、子グマの成長に欠かすことのできない大切な栄養分だ。ひとしきり飲み終えて振り向いた子グマたちの顔は、べっとりとした白い母乳にまみれていた。

ヒグマは兄弟仲がよく、2歳を過ぎて親離れしても、しばらくは兄弟で行動を共にする。

河口で漁をし、草原でじゃれあい、ときには取っ組み合いの力くらべをしたりもする。はち切れんばかりの若いエネルギーは、そういった形で発散されてゆく。

知床の気象は激しく、尾根を境に晴天と雨が入り交じり、よく虹がかかる。しかもはるか遠くとかではなく、目の前の触れるほどのところに虹がかかるのだ。あるとき、ひとつ山の向こう側に虹がかかっているのに気づき、なんとはなしにそっちの方へと向かってみた。すると虹の根元に若いヒグマが座っていて、僕が近づいてくるのをじっと見ていた。

知床の奥地は、一つ一つの出来事が日常を超えて展開する、唯一無二の世界だ。岩石だらけの荒くれた林道で車のオイルパンを割ってしまったり、大雨で突然出現した川に阻まれて取り残されてしまったり、普段あまりないようなトラブルにも頻繁に見舞われた。ただ、世界自然遺産となった今でも、海岸に打ち寄せる漁具や漂着ゴミの膨大な量には、驚きを隠せない。ときどき清掃はするようだが、とても拾い切れる量ではない。ゴミをよく見てみると、様々な外国語が書かれている。潮流に乗って、それぞれの国で廃棄された物が、流れ流れて知床の海岸線にたどり着いたというわけだ。たとえ陸地でつながっていなくても、海や大気で世界はつながり、自分たちの暮らしが世界に影響を与えている。無関心でいるには、許容範囲をとっくに超えてしまっているのだ。

エゾヒグマは北海道において、1800年代後半から家畜や農作物を荒らす害獣として駆除をされ続けてきた。時には人を襲うこともあり、年に数百頭も捕らえられてきた。生息地に暮らす人々にとってみたら、切実な問題なのは間違いない。ヒグマが家のなかに入ってくることもあるのだ。ただ近年では、事故を未然に防ぎ共存を図る意識が高まり、実際に行動に移している。ヒグマのような大型獣が生息する自然が僕らの国にあるということは、かけがえのない財産だ。共存するのは困難が伴うかもしれない。しかし、知恵を絞って自然と共に生きることを何万年もしてきた人類だ。気づくのが遅すぎて、手遅れということにならなければいいのだが。

翌年の秋も同じ場所にやってきた。河口の形が少しだけ変わったように見える。あの仏のような母グマもいたが、子グマの姿はない。きっと独り立ちしたのだろう。なにも変わらない風景も、草は生え変わり樹木は成長し、クマたちにも誕生や別れが訪れ、たくみに変化しつづけている。そして目の前の風景を見つめる僕も、移りゆく時とともに変わりつづけるのだろう。

イノシシのすむ山

しっとりとした靄(もや)が辺り一帯に立ち込めるなか、東の空から朝の光が差しはじめ、幾重にも連なる山々が静かに目覚めはじめた。兵庫県を東西に横断する六甲山地は、大阪湾を通過する南風が多量の水分を含み、年間を通じて湿潤な気候である。この山々には昔から、数多くのイノシシが暮らしているという話を聞いていて、いちど訪れたいと思っていた。はじめて六甲山に入ったのが、2004年の初夏。それ以来たびたび訪れている。元々は昭和の中頃、ある大学の研究チームが餌付けして観察をしはじめたことがきっかけとなり、よく目にすることのできる地域となった。

麓の街から、所々で滝となった川沿いの登山道を登っていくと、初夏とはいえ、高い湿度のせいで大量の汗がしたたり落ちる。このフィールドではあまり朝早くに出かけても、イノシシと出会うことは少ない。たいてい、だいぶ日が高くなってから姿を現すことが日常となっている。いくつかの堰を越え、眼下に街並みが遠く望める高度に達した広場で、イノシシが寝転んでいた。大きな岩の前で寝る成獣の周りには、何匹ものウリ坊たちがいる。

ウリ坊とはイノシシの赤ちゃんのことで、体にスイカのような縞模様があることからつ

河原に出てきたイノシシの親子。

いた愛称だ。5月から6月にかけてたくさんのウリ坊が産まれ、新緑に彩られたこの山は、野生の小粒な命でにぎやかとなるのだ。イノシシは多産で、多いときは十頭ほどの赤ん坊を産むのだが、ウリ坊の可愛らしさは特筆に値する。いつも笑っているような見た目も愛らしいが、なんといっても愛嬌のある性格が素晴らしい。木の葉や枝をくわえたり、兄弟の背中に乗っかったりして遊ぶウリ坊たちのじゃれあう姿を見ていると、自然と心が和んでくる。ウリ坊たちは母イノシシにまとわりつき、甘えてお乳をねだるのだが、母イノシシは機嫌が悪いと、じゃれついてくる子どもたちを蹴散らしてしまう。子どもたちが見つけた食べ物でも、すっ飛んできて鼻面ではねのけ、真っ先に自分が食べてしまったりする。そんなときのウリ坊は、笑ったような表情のまま、しばし固まっていたりするのだ。

母イノシシのこれほど過激な性格は、ほかの動物ではあまり見たことがなく、ウリ坊たちが気の毒でしかたがない。しかし機嫌の良い母イノシシがごろんと横になってお腹を出すと、ウリ坊たちは我先にと乳首に吸いついて、母の気が変わらないうちに飲めるだけ飲んでしまおうと、小さな口をぎゅっとつぼめ、全身の力を使って吸い出すようにお乳を飲む。必死に生きる姿は、幼いからこそ余計に強く訴えかけてくる。

ウリ坊たちの微笑ましい魅力とは打って変わり、成獣のイノシシが持つ、野性味あふれる存在感にも大きく惹かれる。イノシシの最大の特徴は、やはりその長くて大きな鼻だろう。まばらに毛の生えた鼻をセンサーのごとく、いつもピクピクさせている。この鼻を輪

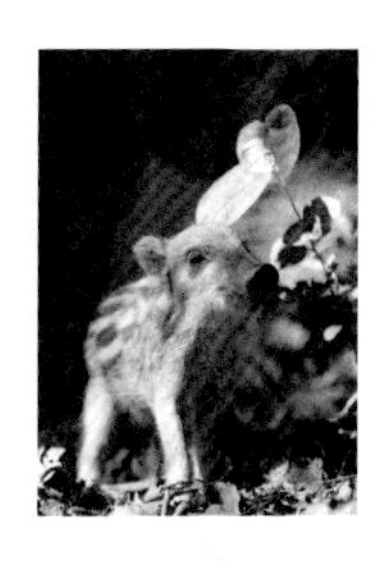

切りにして、煮たり焼いたりして食べたらうまいかな、なんてことを想像したりする。土中のミミズや木の根を上手に探しあて、この鼻をスコップのように使って掘り出す。鼻を中心にして作られた体といってもよい。

子どもたちのウリ模様の施された体毛は、赤ん坊とは思えぬほどゴワゴワしており、大人になるにつれどんどん硬く、鋼の鎧（よろい）をまとうかのように変化していく。成獣どうしの縄張り争いもかなり激しく、下あごの犬歯がぐっと伸びた牙を武器に突進して噛みつくなど、どちらかが逃げ出すまで闘う。短足でずんぐりとした体型をしているが、川や泥沼をさっそうと駆け抜け、急な斜面であっても蹄（ひづめ）を蹴り込んでグングン登るほどに力強い。山中のいたるところで蹄の跡が刻まれているので、木に登る以外はどんな場所にでも出没する。

山道の脇や斜面、薮（やぶ）のなかなどで、耕されたような地面をよく目にするのだが、これは食べ物を探して鼻面で掘り返した跡だ。イノシシは硬い葉などは消化できないので、新芽や新葉、どんぐりやヤマイモ、ミミズや昆虫などを好んで食べている。

あるとき、川沿いの泥のなかで、ゴロゴロとのたうちまわる成獣がいた。何をしているのだろうと様子をうかがっていて気がついた。よく聞く「ヌタ打ち」と呼ばれる行動で、体を冷やしたり、ダニや寄生虫を取ったり、匂いづけをして自分の存在を他のイノシシにアピールするのに役立っている。体中いたるところにダニがついているのだが、とくに瞼（まぶた）のあたりに食いつかれているのをよく見かける。目元のダニはなかなか取れないのだろう。

イノシシを追いかけて藪のなかを駆けずり回っている僕も、あちこちダニに食いつかれてしまう。ここだけでなく、野生動物を追うフィールドでは、ダニにやられることがたくさんある。北海道の藪のなかで何日も撮影を続けていたとき、視界のなかにボヤけた部分ができて、それが日を追うごとにだんだんと大きくなってきたことがあった。まつ毛の根元でダニが成長していたのだ。

引き締まった胴体をもつイノシシは、豚の祖先でもあり、その肉はうまい。日本人は何百年もの昔から、山の鯨と呼んでイノシシを食べてきた。なぜ鯨と呼ぶかというと、江戸時代などに、獣肉を食べることが禁忌とされたときに、魚扱いをして言い逃れたことによるようだ。そんな詭弁で、ほんとうにお咎めなしだったのかは定かではないが、肉は貴重であっただろうし、そこまでしても食べたいご馳走だったのだろう。

日本にはライオンやチーターのような大型の肉食獣はいないし、地味な印象の生き物がほとんどだ。イノシシも華々しい舞台に登場するような存在とはいえず、さらには畑の農作物を荒らす害獣であり、猪突猛進する危険な生き物だとたいていの人は思うだろう。近頃では温暖化で積雪が減り、生息地域を北上させている厄介ものとして扱われている。僕自身、尻やふくらはぎを何度か噛まれている。子育てはかなりスパルタンで、子どもが見つけた食べ物を母親が横取りし、さんざんせがまないと授乳はせず、気に入らないと鼻面で子どもを突き飛ばす。ウリ坊たちはそれでも、唯一の頼みのつなである母を懸命に慕う。

山の中腹にある池の畔に現れた、死ぬ間際の老イノシシ。

かなりの多産ではあるが、放任ゆえに弱った子は置き去りにされ、秋頃には二、三頭にまで減ってしまう。もし、子どもがすべて順調に育ってしまったら、この山の生態系や植生が大きく変わり、食物が枯渇してしまう可能性もある。慈しむように子を育てるクマなどとは対照的だが、それぞれがその環境で生き抜くために獲得した方法であり、まさに自然である。

そんなイノシシだが接するほどに、味わい深い荒削りな魅力にひきこまれていく。何度か顔を合わせた人間の顔を覚える能力もある。ウリ坊の愛くるしさは抜群だし、成獣の野獣らしさも一級だ。非道に見える母親だが、たまには子どもの体を鼻面でグルーミングしたりもする。繊細な生命の糸でつながれた家族に訪れる、数少ない平和なひとときは、穏やかな空気に満たされている。

山の中腹に、雨水がたまってできた池がある。ひらけて日あたりもよく、のどかなその場所は僕のお気に入りだ。いつものように、池の畔(ほとり)で昼飯を食べていたら、一頭のイノシシが藪から出てきた。だいぶ年老いているようで、動かない右脚をひきずりながらよろよろと歩いている。そばに寄ってみると、片目が潰(つぶ)れ、毛づくろいのされていない体毛はゴワゴワと荒れ放題だ。こんなにボロボロになった野生動物を、それまで僕は見たことがなかった。死期を間近にひかえた動物は、ひっそりと姿を隠すのではないかと勝手に思っていたこともある。なんだか胸の奥が締めつけられる。

老イノシシは、畔に落ちている木の実を懸命に探して食べている。目のまえの僕のことなど、存在していないかのように遠くを見つめる。吹き消されまいとする生命の炎が、朽ち果てようとする体に宿っている。その姿は神々しくさえあった。最後の一瞬まで、みずからの力だけで生き抜く。まっとうする野生の命に、哀れみなどはこれっぽっちもいらない。

世界最北限のサルたち

さまざまな動物たちが暮らすこの日本において、外国でもよく知られているのがニホンザル。世界にすむ多種多様なサルの仲間で、最も北方に生きるサルである。街中にサルがいるのが当たり前のような、インドや東南アジアと感覚の重なる部分があるかもしれない。僕らにとってもっとも身近な野生動物が、いくつもの昔話に登場する、ちょっとずる賢いキャラクターのニホンザルだろう。

青森の下北半島にいるのが北限で、本州以南、九州の屋久島にいたるまで幅広く生息しているが、北海道にはいない。本州と北海道の動物相を隔てる、ブラキストン線と呼ぶ境界線に照らし合わせても合致している。下北半島のサルは一年を通じて冷涼な環境下にいるため、他の地域にすむサルより毛足が長く、ふさふさとしている印象だ。野生のサルといえども冬を越すのは大変なようで、年老いた個体や、親とはぐれた子ザルなどは、越冬できないことも多い。もう少し、過ごしやすい地域で生きればよいのにと思うこともあるが、サルにしてみれば、春から秋まで植物の実りが多いこの土地は、冬さえ乗り切れば具合のよいところなのであろう。

ここでは深い山奥ではなく、比較的集落に近い山々にいるので、はたからみると村人たちと親しく共存しているように見える。広大な地域を群れで移動しながら、晩春の新芽や若葉、秋の果実など山で食物を得るのだが、ときどき畑の作物を荒らすこともあり、畑にネットを張ったり、監視員を巡回させたり、頻繁にいたずらする個体は捕獲したりして対策をしている。いくつかある個体群を識別し、行動範囲を調査し、把握につとめてもいる。

厄介な存在でもあるのだが、その一方で貴重な野生動物でもあるので、地元の人々はなんとかうまく共存できる方法を模索して、労力を厭(いと)わず実践している。

下北半島にはニホンカモシカもいて、僕がここで撮影するのはどちらかというとカモシカを目当てにしているのだが、両者が同じエリアで過ごしているので、状況次第でサルも追うことになる。カモシカは単独かせいぜい二〜三頭の親子で行動し、強風や雑音を好まず、風の強い日などは、山の窪地で風を避けるようにたたずんでいる。その一方で、サルたちは群れで行動しており、辺りを走り回ったり、枝を揺らして喧嘩をしたりとガヤガヤとうるさいので、カモシカはサルたちのことをあまり好きではないようだ。サルの群れが近づいてくると離れて行ってしまう。

サルたちはひとところに長くはいないので、山のなかに分け入って追いかけたりするのだが、斜度のきつい下北の山々は長時間の追跡を簡単には許してくれない。僕は日頃からなるべく、軽いランニングやウェイトトレーニングをするように心がけているのだが、ときに原稿書きや写真の整理に追われ、運動不足の状態のまま取材に出ることもある。そんなときは、なかなか足が前に進まず、トレーニングを怠ったことを悔やむ。

僕の仕事は、アスリートのように抜きん出た身体能力は必要ない。しかし、動物を長時間待ったり追いかけたりといった持久力と、シャッターチャンスが訪れたときの、ここぞという瞬発力と集中力は不可欠であり、それは日頃のトレーニングがないと維持できないものだ。

体力と写真はあまり関係がないように思えるかもしれないが、こと野生動物の撮影に関しては、体力の有無が大きく響いてくる。限界の低い肉体が生み出す写真は、どれも詰めが甘く、凄みがない。野性を相手にする場合、才能や精神力のみに頼ることができないのだ。下北の山々と生き物たちは、動物写真家としてあるべき日常の姿を、鏡に映すように教えてくれる。

気持ち良さげな表情で温泉につかるニホンザル。

長野県の地獄谷のサルは、温泉につかるサルとして国内外問わずよく知られた生き物だ。僕は動物写真を志したとき、撮影がしやすいことから、写真の練習も兼ねてときどき訪れた。動物撮影の技量をはかる、ベンチマークとしての存在でもあった。だがやはり僕らと同じように表情が豊かで、感情を激しくあらわにするサルの魅力に取りつかれていたのだと思う。

冬の寒いなかで熱い温泉につかるサルたちの、なんとも心地良さそうな表情は見ていて楽しい。その立ち居振る舞いは、我々のそれとまるで変わることはなく、気持ちが伝わってくるようだ。夕暮れて、温泉からあがったサルたちは山に帰っていくのだが、よく湯冷めして風邪をひかないものだと心配にさえなる。

2013年にニューヨークで個展を開いたとき、温泉に入るサルの写真が好評で、オリジナルプリントが売れたことがある。僕らは見慣れてしまっているものでも、外国人にしてみれば、かなりエキゾチックな光景なのかもしれない。

伊豆半島の南西部、小高い山に囲まれた谷間を海岸まで下りきったところに波勝崎（はがちざき）はある。

ここは日中、山から下りてきた三百匹程のサルの群れが集まる。荒々しい岩山に縁取ら

木の芽を食べるニホンザル。波勝崎の急峻な谷間に夕日が沈む。

れた玉石の海岸が、海の青さとコントラストをなし、迫力に満ちた景色のなかでサルたちが思い思いに過ごしている。波打ち際で海藻や貝を採って食べるのも、ここに生息するサルの特徴だろう。初夏には子ザルもたくさん生まれ、へその緒がまだ付いている赤ちゃんザルを目にする機会も多く、そこかしこで愛くるしさを振りまいて、そんな姿を眺めていると自然と頬が緩んでくる。

ここでは比較的間近まで寄れるので、広角から望遠まで幅広いレンズを活用しながら撮影にのぞむことができる。僕は子ザルを抱く母ザルなどを撮る場合、レンズが顔にくっつく位に近寄って撮ることもあるけれど、普段はなるべく刺激しないように、300ミリ位のレンズを使って離れて撮ることも多い。近づくことでインパクトのある絵柄になるが、僕の存在が煩わしいことも、もちろんあるはずだ。

大人のサルは人間同様に貫禄のついた風貌をしているものが多いが、子ザルはやはり小さくて可愛らしい。好奇心も旺盛で遊び好き。同じ年頃の子ザルたちが集まっては、追いかけっこをしたり、じゃれあったりしていつまでも遊んでいる。一つ二つ年上の子ザルたちも年下の面倒をよくみて、いじめたりすることもあるけれど、一緒になって相手をしてあげている。

そんな光景は、人間の子どもたちとまるで変わらない。

ニホンザルと接して痛感するのは、こちらの心のありようが、かなりの確率で伝わることだ。あるとき、血気盛んな若いサルが、向こうから仲間を引き連れて歩いてきた。動線上にいる僕は若ザルに道を譲らず、「お前たちが避けろ」という気持ちで、親子の撮影に専念していた。すると若ザルは、「お前が邪魔だ」と言わんばかりに僕の肩を蹴っ飛ばし、平然と歩いていった。

またあるときは、レンズが触れるほどボスザル（最近はリーダーをアルファオスという）に接近し、貫禄に負けじと気合を入れてクローズアップの撮影をし続けた。すると、多少は我慢をしていたボスザルは、歯をむき出して僕を威嚇し、さらには太ももに思いっきり噛みついてきた。いちど振り払っても何度も噛みつこうとするボスザルから、僕は離れるしかなかった。他の個体であればほとんどの場合が威嚇するだけで終わるのだが、そこはボスザル。やっかいな侵入者に対しては、とことん攻撃し群れを守る。

腫れ上がった太ももを見ながら、ボスはボスとしての仕事をしたのだと思った。

日本古来の馬

大海原をぐるりと見渡せる丘の上に、僕は立っていた。南国の風が、芝に覆われた丸く小ぢんまりとした山々を駆け抜けていく。一年を通し、比較的温暖な宮崎県の都井岬。ここに御崎馬と呼ばれるウマが生きている。日本に野生馬はいないが、広大な岬に放たれ、ゆるやかに人の手が入る御崎馬は、半野生馬といったところだろう。日本古来の血をひく在来馬であり、江戸時代からこの地に放たれている。ウマたちは満ち溢れる太陽の光を存分にあび、たてがみをなびかせ、傾斜のきつい斜面をものともせずに駆け巡っている。

日本にすむウマのルーツはモウコノウマといわれている。僕は動物園でしかみたことがないが、ウマの祖先らしい原始的な雰囲気を醸し出しているウマだ。モウコノウマは、モンゴル高原から中国大陸、朝鮮半島を経て日本に渡ってきた。日本が昔から、大陸と交流があったことを如実に示している。古代中国の遺跡である、秦の始皇帝陵兵馬俑坑から出土した軍馬俑なども、モウコノウマなのかもしれない。古来の血をひく特徴が鰻線という背筋にうかぶ線で、モウコノウマを祖先とする証だ。武士が乗るために育てられてきた御崎馬は、脚は細めで体もあまり大きくないが、急峻な山を駆け巡るのに適した、しなやかで強靭な足腰をしている。

都井岬の丸い丘で
生きる御崎馬。

春はウマたちの出産シーズンで、そこかしこで子ウマの姿を見かける。母ウマに寄り添い、新鮮な世界を眺めるつぶらな瞳は、喜びに満たされているようだ。子ウマはおぼつかない足取りで斜面を飛び跳ね、転んだりしながらも溌剌と遊んでいる。そうかと思うとすぐに眠り始め、一時間位そのままでいたりする。

ウマたちの姿を遠くに見つけ、ひと山ふた山乗り越えて歩いて近づくのは少々きつくもあるが、見晴らしの良さがそれ以上に爽快な気分をもたらしてくれる。三脚を持たず、広角からせいぜい300ミリズームまでのレンズを使い手持ちで撮影するので、機材の軽さも一役かっている。身軽な撮影の楽しさは格別なのだ。

夜は岬に車を停め、そのなかで寝る。ある晩、月が明るかったので、カメラを持って山を登ってみた。ウマたちがぽつんぽつんと立っている。この時ばかりは三脚を使い、スローシャッターで月下のウマたちを遠くから撮ってみた。立ったまま寝ているのかと思ったら、草を食みながらゆっくりと動いている。

春先の枯れた柴山とは打って変わり、夏になると青々とした芝に生え変わり、風景は一変する。この山では冬に野焼きが行われ、蓄積された養分が新芽に勢いを与える。ウマたちは、ザクザクと美味しそうな音を響かせて草を食んでいる。斜面を一歩登るたび、額から汗が吹き出す。そもそも僕は汗っかきなので、夏の丘を歩き回れば大変なことになる。春先に生まれた子ウマたちも成長し、大人顔負けの足取りで闊歩している。子ウマが親ばなれするのは生後一～二年してからだ。若者らしくはなってきたが、もうしばらくは母ウマの庇護のもとで過ごさなければならない。

戦後から昭和40年代にかけて数を減らし、絶滅の心配がなされた御崎馬だが、人々の手厚い保護のおかげで現在は百二十頭前後を保ちながら生き抜いている。大正時代に一度だけ、体を大きくするために、北海道産のウマと掛け合わされたことがある。するとそれまでに見られなかった栗毛や白斑を持つウマが出るようになった。在来馬としての純血度を守るため、そういったウマを群れから外す取り組みを、現在も継続している。九州は火の国と呼ばれるほど、火山の活発な土地である。噴火による火山灰の影響もウマたちにもたらす。ウマ特有のウイルスの問題もある。いにしえの血を守るのは、そう容易いことではないのだ。

日本古来の血をひく在来馬が、下北半島の尻屋崎にもいる。寒立馬だ。津軽海峡と太平洋を隔てるように鋭く突き出た岬で、遠くには北海道が肉眼で見える。

夏はこの地域特有の「やませ」という北東風や東風が冷涼な気候をもたらし、冬は北西季節風が湿った大気を運んで豪雪となる。冬の東北はどこでも厳しい環境だろうが、この岬もその例にもれず、激しい気象条件のなかにある。そうした自然環境のなかで生きる寒立馬は、健気でたくましい。寒立とは、カモシカが冷たい雪のなかで凛と立ち続ける姿を表すマタギの言葉だ。昭和40年代に、尻屋の学校長が、雪のなかで立つウマたちの姿が寒立に似ていると短歌に詠み、それがきっかけとなって寒立馬と呼ばれるようになった。

僕がウマに頻繁に接するようになったのが尻屋崎で、季節が変わるたびに訪れている。一年中いつ来ても会えるということもあるけれど、単純にウマが好きだということが一番の理由だ。ウマほど穏やかで優しい瞳をもつ動物を僕は知らない。目は口ほどにものを言うという言葉は、動物にもあてはまる。ウマの瞳をのぞきこんでいると、不思議と穏やかな気持ちになるのだ。

寒立馬は繁殖期以外は雌と子ウマだけで過ごすので、それもあるかもしれない。繁殖期だけは他所から雄ウマが連れて来られるのだが、かなり暴れん坊で、カメラを構える僕をあっちに行けとばかりに鼻づらでグイグイ押してきたりと気性が荒く、雄と雌とで性格の違いもあるだろう。それでも、体が大きくて極寒に耐えるがっしりとした太い首や脚をもち、それでいて穏やかな性格をしている寒立馬の存在に、とても魅了されてしまうのだ。

下北半島に向かって東北道を車で走っているとき、いつも不安や心配事ばかりに心が囚われていたことに、ふと気づいた。先の見えない今を憂慮する癖がついているのか、疲労が蓄積していたのだろう。だとしたら、今おこっている良い事柄がどれだけあるか、ハンドルを握りながら、ひとつひとつ考えてみた。するとなにげない日常の、何から何までが良いこと、幸運なことと感じられ、気持ちがすっと楽になった。見る角度を変えることで、心の有り様も変わるものだと思った。取材に出かければ、国内でも海外でもいろいろなことを考える。動物たちの顔を見ながらも考える。もちろん普段でも考えるのだが、生活の場を離れ、ひとりになり、時間をたっぷり持つことで、凝り固まった発想がほぐれたりするのだ。気持ちをリセットし、良い方向に持っていくために、必要な時間でもある。それは僕にとって、写真を撮ることと同じくらいに大切なことだ。

寒立馬の祖先は、平安時代から東北地方に生息していた南部馬で、武士や貴族に大切にされていた。その南部馬の血をひく田名部馬が、江戸時代に下北地方で放牧されるようになった。体は小さかったが、寒さや粗食に耐え、持久力に優れていた。その後、明治、大正、昭和にかけ、外国の馬と掛け合わせて、大きな体へと品種改良されてゆき、軍隊などでも使われるようになった。戦後は、高度成長とともに農作業も機械化され、出番がなくなり、食肉用として昭和35年頃からフランスの大型馬、ブルトン種と掛け合わされて現在の寒立馬となった。都井岬の御崎馬と比べると、かなり多種にわたるウマと交配されてきたと言えるが、しっかりと在来馬としての特徴を残している。それは「側対歩」と言って、前後の脚を片側ずつ左右交互に動かして歩くのだが、背中の上下動が少ないので荷物を載せやすく、険しい山道などでの運搬でも活躍したそうだ。

冬は日が暮れると急激に気温が下がる。そして夜は長い。ウマたちは、風を避ける林の

吹雪のなか、雪に埋もれた草を掘り出して食べる寒立馬。

そばに集まり、じっと佇む。ニホンザルのように抱き合ったりするわけではないが、みなで寄り添い夜を過ごす。吹雪けば体中の毛が凍りつき、あっというまに雪に埋もれてしまう豪雪地帯で生きながら、その営みの温かさは心に染み入る。

ブリザードのなかでの撮影では、レンズに雪が当たらぬように手で覆い、風下となるよう身体でガードしながら近づいていく。ここだと思った瞬間にカメラを取り出してシャッターを切り、すぐにガードする。そのようなことを延々と繰り返す。彼らの生きる環境に自らも飛び込まなければ、彼らの世界は切り取れない。それはどんな生き物を前にしても同じだ。

晴天で日差しの温かな日は、毛づくろいをし合ったり、雪原に寝転んで昼寝をしたりしている。なんとも和やかな景色だ。環境は厳しくとも、穏やかな日々を黙々と過ごせる力強さには、生命の内包する神秘の奥深さを感じずにはいられない。

凍てつく冬が過ぎ去り、まだらに残っていた積雪も春の陽気に溶け込んでゆく。硬く研ぎすまされた景色は、ふんわりと柔らかく移ろいゆく。若葉が芽吹き、生命の息吹にみたされた早朝の森で、子ウマが産まれる瞬間に立ち会った。寒立馬の世話をしているKさんが、森のなかで出産しそうだと教えてくれたのだ。Kさんはまだ二十代後半で、東京でミュージシャンを目指していたが、いろいろあって生まれ故郷の尻屋に帰ってきたそうだ。仕事もなくブラブラしている時に、世話人の話を持ちかけられ、やることにしたとのこと。

仕事はどうかと聞くと、ウマが好きだからねと言って軽く微笑んだ。

この年最初の子ウマは牝馬だった。つやつやとした黒毛がしっとりと濡れている。子ウマは生まれ落ちたばかりだというのに、脚をガクガクさせ、何度も崩れ落ちながら、懸命に立ち上がろうとしている。母ウマは、子ウマに鼻先を寄せ、優しい眼差しで見守っている。ふらつく脚ながら、生まれて一時間ほどで子ウマは立ち上がった。そして母ウマのおっぱいの場所を見事にさぐり、母乳を飲み始めたのだ。

本能とは、不思議な生命の仕組みだ。誰に教わるでもなく、自ら命の口火を灯す。母体から出てきた胎盤を、カラスがつついている。母と子をつなぐ役目を終え、鳥や小動物たちの糧となっている。子ウマが立ち上がってしばらくすると、母ウマがゆっくりと歩きはじめた。子ウマが母ウマのあとを追う。根の張り出した歩きづらい森のなかを、生まれたばかりとは思えない足取りでついていった。

仕留めたヤマドリを手にするマタギの椿さん。

マタギに聞いた話

山形県の山奥にすむ椿勉（つばきつとむ）さんを筆頭に、東北のマタギたちに話を聞いた。

「クマに襲われる被害が多発する昨今。クマのすむ地帯に山歩きやハイキングなどに出かけるときは、女性の化粧や香水は禁物である。クマはそういった匂いに異様に反応し、興奮する」

「最近は田舎でも犬を放し飼いにしないように指導されている。そのため山にすんでいる獣たちが平気で人里に現れるようになった。昔は放し飼いにされていた犬たちが、獣が山からおりてくると追いかけ、追い払っていた。今はその仕組みが機能しなくなり、キツネやタヌキが人里で病気にかかり、山に帰って病気を広めてしまったり、里グマと呼ばれ、昼間でも人里まで平気でクマが出てくるようになってしまった。都会と田舎では適合するルールも違うし、その土地その土地に合った生活の仕方というものがあってよいはずなのに、行政は全国均一のやり方で指導し、あちこちに弊害が出てきていることさえ知らない」

ライフルを背負い、愛犬と共に山に入る。

「クマが怒りに毛を逆立て、うなり声をあげてこっちに向かってくるときほど、強烈なクマの姿はない」

「クマに襲われたとき、頭の皮を剥がされたが、クマの胸元にぴったりとしがみついてなんとかやり過ごすことができた。距離を取っていたら噛まれるか、爪でやられていただろう。丸腰だったが、ナイフを持ってさえいればクマの口の中に刺し込んで殺すことが出来ると、クマにしがみつきながら思った」

「山岳に住み、山を熟知しているマタギは、山での遭難救助活動の依頼をされる。一般には報道されないことだが、登山や猟りなど山で人が死ぬ場合、ヘリコプターが使えなかったり、ルートやそのときの状況で麓まで遺体を降ろせないケースが多々ある。当然家族や役所の許可を得てのことだが、その場合、山中で遺体を焼却することになる。人は死ぬと十分から三十分くらいで腹にメタンガスが溜まる。そのまま焼くと遺体は爆発し、肉片は飛び散り、収集するのがえらく骨の折れる作業となる。そのため法では禁止されているが、マタギは遺体の腹にナイフを入れガス抜きをする。しかたのないことではあるのだがマタギにとって、遺体に刃物を入れることはなんとも申し訳なく、心痛む作業となる」

「現場に到着したときには息のあった遭難者のケースでは、滑落し頭に岩がめり込んだまま応急処置すら出来ず背中に背負い、下山中、死にたくない死にたくないと呻(うめ)きながら、自分の背で死んでいった。遺体から流れ出る汁でシャツがびしょびしょになり、何十キロもの大人の遺体を背負って麓まで下りるのは、言葉では言い表せないほどひどく、辛い作業だ」

「山は半分焼き払う位がちょうどいい。あまりに手つかずの自然では人は生きていけない。自然は人が手を入れて、ようやく共存できるようになる」

「山に入るとき、山の神に心から感謝をし、食べ物や飲み物を少し捧げて入る。入らせてもらうという謙虚な気持ちであるべきだと思う」

「酒を飲む前にクマの胆(い)を飲んでおけば、いくら飲んでも悪酔いしない」

「クマ猟は春と秋に行う。春グマは痩せていて肉はとれないが、クマの胆と呼ばれる胆(たん)のうは大きい。今までの時代、このクマの胆はかなりの現金収入になった。大きさによって30万円から60万円くらい。だが時代と共にクマの胆の需要は減りつつあり、だんだん売る

スコープをのぞき、
照準を定める。

ことが難しくなるだろう。秋のクマは体も大きくなり肉もたくさんとれるが、逆に胆のうはとれない。夏場は葉が茂りすぎて視界が利かないため、猟は行わない」

「ショットガンは命中率は高いが至近距離からでないと有効ではなく、距離がある場合、弾はクマの毛皮で止まってしまう。その点ライフルは貫通力が高く、距離があっても腕前さえ良ければ仕留めることができる。通常、巻き狩りと呼ばれる一般的なマタギの狩猟方法では、追い込んだクマを鉄砲で仕留めるときはぎりぎりまで引きつけ、撃ち手との距離5メートルくらいまできたらはじめて撃つ」

「毎日のように山に入り、山で仕事をしながら生きているマタギでも、時々今までに見た事もないような素晴らしい風景に出会う。普段見慣れた景色でも、光やその他様々な条件が違えば、それは今までにない感動的な新しい風景になる。山のなかでたった一人、その珠玉の風景のなかで立ち尽くす」

「クマと人との突然の遭遇で事故が起きたとき、まず問題にされるのが、見通しが悪かったということ。だがクマの一番の情報源は嗅覚であり、視覚はあまり重要ではない。風向きこそ最も問題視されなければいけない事柄である。クマはことあるごとに立ち止まり、鼻を上に突き出し、においを嗅ぐ。風上に向かうときは姿勢を低くして歩き、風下へ向かうときは姿勢を高く、ときどき鼻を上に突き出して歩く」

「今でこそカモシカの姿を見ることは、そうめずらしいものでもなくなってきたが、狩猟対象として、人に狙われた時代の名残の続いていた何十年か昔は、そう容易く遭遇できる動物ではなかった。風上からタバコの臭いなどさせていたら、あっという間に遠くへ走り去ってしまった。現代のカモシカは人が恐ろしいことを知らない」

「ある研究者が捕獲調査しようと麻酔銃を持ってカモシカを追っていった。ある程度追い込んだところで麻酔銃を撃ち込み、麻酔が効いたところで捕獲しようということだ。麻酔を撃ち込まれたカモシカは急峻な崖を逃げのぼって切り立った断崖へと進み、あげくのはて麻酔が効き、谷底へ落ちて死んだ。この研究者はカモシカがクマなどの外敵に襲われそうになると、急峻な岩場や勾配のきつい険しい斜面を上へ上へと逃げる習性を理解していなかった。巻き狩りで下から追う場合は別だが、クマは逆に下へ下へと逃げる」

何代かにわたりクマを飼ったことのあるマタギの話では、クマほど頭の良い動物はなく、人との生活であらゆる物事をすぐに吸収してしまうという。

「クマとの生活で一番大切なことは、長い時間とにかく遊んでやること。じゃれあったり、相撲をとったり、ボールを投げてやったり、クマは子どもでも大人でもとにかく遊ぶことが大好きなのだ。そして人に対しての力加減もちゃんと分かっている。ポイントはクマのストレスをためないことだ。ストレスさえ与えなければ、クマと人は共に生活できる。よく観光地の店先で檻に入ったクマがいるが、あれは非常によくない。放し飼いで、夜寝るのも同じ部屋で寝る。ひっくり返って腹を出し、なでろと言ってくる。なでてやると舌をだらんとさせ、フガフガ言いながら気持ち良さそうにしている。餌は人の残飯。腹一杯食べさせるので、どんどん大きくなる。甘いものに目がなく、アイスクリームが大好物だ。裏山へ散歩にいくにもちゃんとついてくる。木のウロなどにできた蜂の巣を見つけると、たとえスズメバチだろうと蜜を舐めにいってしまう。人が刺されたらあっという間に死んでしまうので、連れ戻すのも容易ではない。遠くからいくら言ってもいうことを聞かないので、気がすむまでやらせておくしか方法はない。一緒に飼っている数匹の犬たちとも仲よく遊ぶ。だが、それを見て平気なのだと近づいてきた他所の犬を半殺しの目に合わせてしまい、あわてて引き離したこともあった。普段はさじ加減をぐっと少なく調整しているが、潜在的に持っている力は犬の比ではないので油断は禁物だ。四十年ほど昔のことなので、当時は役所の人もクマを放し飼いすることを、あまりおおっぴらにはやらないで下さいと苦笑いする程度だった。さすがに今だと大変な騒ぎになってしまうが」

野生のクマに自分も殺されかけた事がありながら、クマを尊敬し、とても愛しているようだった。皆に共通するのは、自然や動物と向きあい、どれほど素晴らしい光景に出会ってきたかということだ。そして長い年月を自然の中で過ごし、蓄積された経験と鋭い洞察から出る言葉は、とても科学的なものだった。

ある老齢の人は、若い頃には仕留めた獲物の数や大きさに胸躍らせていたが、今は無事生きて帰ってくることがなによりだと言う。そういった気持ちを抱きつつも、毎年猟の季節がやってくると胸がときめき、クマを求めて山へ向かう。

オランウータン｜インドネシア

マウンテンゴリラ｜ウガンダ

チンパンジー｜ウガンダ

第四章　大型類人猿を追って

火山にすむマウンテンゴリラ

ゴリラを見てみたい。

漠然とした思いが、ずっと胸のうちにあった。これまで北米や日本で様々な野生動物と出会い、写真を撮ってきた。写真を撮ることは同時に、目の前の生き物たちと、無言のコミュニケーションをとることでもある。なにかこう、互いに思っていることが伝わるような、それができていると感じるときが、動物たちと一緒にいてもっとも楽しい瞬間だ。ずいぶん前だが、飼い犬と散歩をしていたとき、「ああ、こいつはわかっているんだ」と、なんの前触れもなく突然腑に落ちたことがあった。犬と心が通うと感じる人はおそらくたくさんいると思うのだが、ほんとうにそう感じた瞬間だった。

そうしたなかで、次第にゴリラのことが気になってしかたがなくなってきた。確固とした理由などはない。ただゴリラのそばで、生命の息吹に耳を澄ます。

もし、言葉にならないやりとりができるのならば、ゴリラとのそれは、はたしてどういったものなのだろう。クマもそうなのだが、なにか近寄り難い存在に、無性に惹かれるだけなのだ。想いが膨らんだら、もう現地に行くしかおさまらない。それまで取り組んでいたテーマを一段落させた僕は、ゴリラに会いに行くための計画を立て始めた。

八つのピークからなるヴィルンガ火山群。手前は標高4129mのムハヴラ山。

アフリカの赤道直下、標高4507mのカリシンビ山を筆頭とするヴィルンガ火山群は、国境を接するルワンダ、ウガンダ、コンゴ民主共和国の三ヶ国で共有し、ルワンダ側は火山国立公園、ウガンダ側はムガヒンガ国立公園、コンゴ民主共和国側はヴィルンガ国立公園と呼ばれ、それぞれの国で名称の異なる国立公園となって地域が保護されている。また、ヴィルンガ火山群の北北東にはウガンダのブウィンディ国立公園があり、両地域がマウンテンゴリラの希少なすみかとなっている。僕は大きく分けると二ヶ所、ルワンダの火山国立公園と、火山群より数十キロ北北東にあるウガンダのブウィンディ国立公園で、マウンテンゴリラの撮影を行うことにした。

勾配のきつい山岳地帯のジャングルで、鬱蒼（うっそう）とした薮（やぶ）を鉈（なた）で切り開きながら進んでいく。無尽蔵に湧き出る汗が、地面にポタポタと落ちる。赤道直下だが高地であるため、蒸し暑さは低地のそれほどでもないが、藪に絡まる道無き道を全身を使って進まなければならない。数時間は歩いただろうか。前方の藪のなかに、黒く巨大な塊が垣間見えた。

「おおっ、ゴリラだ」。息切れしながら興奮がどっと押し寄せ、一気にのぼせあがった。

雄のマウンテンゴリラで、シルバーバック。どっかりと腰を下ろし、周囲に生える草を食べている。初めてみた野生のゴリラ。分厚い胸板で、山のような肉体から放つ威圧感がとてつもない。辺りには、雌や子どものゴリラもいる。全部で十頭ほどの家族のようだ。

こんな生き物のそばによって大丈夫なのだろうか。不安がよぎったが、刺激しないよう

寝ながら視線を送るシルバーバック。

恐る恐る近づいてみる。子どもはあきらかに意識して僕の様子を目で追いかけているが、大人のゴリラはあまり気にしないようで、黙々と草を食べている。黒光りする毛艶が美しく、その発散する生命力はむせかえるほどだ。

一瞬にしてなにかに魅了されてしまうことがある。ゴリラがまさにそれだ。この初めての出会いから、僕はその後四年間続けてゴリラを追いかけることになった。

マウンテンゴリラは一般的に、背中が鞍状に白くなったシルバーバックと呼ばれる一頭の大人の雄と、複数の雌やその子どもからなる十頭前後の群れを形成している。採食のために移動するときは先頭に立ち、寝場所の決定もシルバーバックが行い、他の雄の侵入やヒョウなどの肉食獣の接近から群れ全体を守るリーダーである。我々人間と97%以上も共通する遺伝子をもち、類人猿の中で最も体の大きなゴリラの仲間はニシゴリラとヒガシゴリラの二種に分かれ、ニシゴリラはニシローランドゴリラとクロスリバーゴリラの二亜種、ヒガシゴリラはヒガシローランドゴリラとマウンテンゴリラの二亜種に分類されている。

マウンテンゴリラの体高は1・2〜1・8m、体重は80〜230キロ、寿命は約四十年程とみられ、生息数は八百頭弱と絶滅危惧種に指定されている。

いく日もジャングルに入り、ゴリラたちを見続けた。初めのころは気持ちが舞い上がって、無我夢中でしかなかったが、次第に冷静さを取り戻すと、いかにもゴリラらしい行動や仕草も落ち着いて見ることができるようになってきた。シルバーバックがドラミングする姿などは、その最たるものだろう。ポコポコと乾いた音をさせて胸をたたくドラミングはゴリラの最も印象的な行動で、敵を威嚇する意味合いもあるが、自分の存在を周囲にアピールするためのものという捉え方が、より濃厚である。間近でドラミングされると怒っているのかと思って少々焦るが、必ずしもそうではないようだ。僕ではない、ほかのゴリラに対して胸をたたいている。背中をへこませ、四肢を突っ張って立つ姿もいかにもゴリラらしい。手を軽く握って指の背を地面につける特徴的な歩きかたを、ナックルウォーキングと呼ぶ。この姿を抜けの良い状態で撮ろうといろいろとチャンスを探っていたのだが、思いの外チャンスに恵まれず、藪にはばまれてしまうことが多かった。それでもあきらめずに粘っていたら何度かそうした場面に遭遇し、数カットは撮影することができた。

ゴリラに身を委ねる恐怖や高揚が渦巻き、だが、体をこするように僕の脇を通り過ぎるとき、えも言われぬ喜びに満たされる。理解しあえたなどとはまるで思わないし、受け入れてくれたと断言するのも少し違う。ただ、間近に接しながら、放っておいてもらえることはある種の到達感のようなものを覚える。それは至福といってもいい。

巨大なゴリラだが、産まれたての赤ちゃんは2キロ弱と、人の赤ちゃんよりかなり小さい。一年程は母親が片時も離れず世話に没頭し、母乳で育てる。群れの若いゴリラたちも赤ちゃんには興味津々で、かまいたくてしょっちゅう近づいていく。生後一年を過ぎると母親は、赤ちゃんを時々シルバーバックに預けるようになるのだが、シルバーバックは子

つるにぶら下がって
遊ぶ子ども。

煩悩で、積極的に赤ちゃんの面倒を見る。徐々にシルバーバックと過ごす時間が長くなり、3歳を過ぎて乳離れをするようになると、寝る時もシルバーバックのそばにいることが多くなるようだ。

子どものゴリラは木やつるを登って遊ぶのが大好きだ。つるにぶらさがって体をクルクルと回転させたり、木へ飛び移ったりと、笑顔（グコグコと声を出して笑う）を見せて仲間と遊んでいる。かたや、相手に噛みついて荒々しく遊ぶ子どもたちもいる。ケンカをしているようにも見えるが本気で噛んでいるわけではなく、噛まれた方も大げさな表情で取っ組み合うが、両者とも楽しんでいるのが見ていて伝わってくる。起伏に富んだ表情さえも、遊びの小道具としているみたいだ。遊び方は雌より雄の方が荒っぽいようで、相手をみつけては顔をのぞきこんだり、ちょっかいを出して遊びへと誘う。のぞきこむという行為が、他の動物たちと明らかに違うなとそのとき僕は思った。

そんな子どもたちを、シルバーバックは優しく見つめている。絶大な信頼を寄せるシルバーバックの周りには、いつも子どもたちがまとわりついているが、いやがる様子はまるでなく、穏やかな様子で見守っている。強面のシルバーバックと小さな子どもたちがじゃれあう光景には大きなギャップを感じるが、だからこそ微笑ましい。一瞬、巨大な雄に子どもたちがひねりつぶされてしまうのではないかと心配になるが、もちろんそんなことはない。とにかく雄の迫力がありすぎて、あらぬ想像をしてしまうだけだ。

子どもが興味深そうに僕のそばに寄ってきて、ズボンの裾を引っ張ったかと思うとすぐに逃げる。ちょっかいを出されているのだ。僕はなされるがままじっとしている。声をあげたり撫でたりしたら、恐らくシルバーバックが飛んでくるだろう。そうなればタダではすまない。ゴリラファミリーの団欒(だんらん)にお邪魔させてもらっている僕は、皆を刺激しないよう、とことん大人しく振る舞うことに徹しなくてはならない。

早朝の撮影で困ったことがおきた。レンズが曇るのだ。一晩おいて朝取り出したレンズが毎回曇る。しかも表面ではなく、中のレンズが曇るのでお手上げだ。雨は毎日降るし、湿度はとても高く、気温差が生じるとすぐさま曇る。ブロアーで空気を送り込んだり、日が昇ると日光に当ててみたりと色々試すが、時間が経たないと曇りが取れない。最近のレンズは防塵防滴性能が格段に良くなり、少々水に濡れても大丈夫なのだが、逆に言うと通気性が悪く、いったん湿気(しけ)ってしまうとなかなか乾かない。夜はドライバッグに入れて極力湿気を取るようにもしたが、あまり効果はなかった。何かいい方法はないものかと思う。

国立公園内のゴリラの生息地へ行くにはレンジャーの同行が義務づけられており、観察できる時間もゴリラにストレスを与えないため、出会ってからきっかり一時間と決められている。ゴリラは採食のために日々移動をしているので、群れに遭遇できる所要時間がまちまちで、生息地の入り口から三、四十分で出会えることもあれば、傾斜のきつい道無き道を六〜七時間歩かなければならない時もある。

大好物のヒレアザミにかじりつく。

基本的に植物食のマウンテンゴリラはジャイアントセロリやヤエムグラ、ヒレアザミ、雨期のタケノコなどを好む。ときには動物性タンパク質となるグンタイアリなども食べるようだ。ジャングル内の植物は棘（とげ）のあるものも多く、それらの茎を食べるときは、いったん手でしごいて棘をはらってから口に入れている。むしゃむしゃと小気味良い音をさせて食べる姿は本当に美味しそうで、僕も試してみたくなる。

僕は初め、ゴリラは粗雑で凶暴な生き物かもしれないと思っていた。昔の映画などの影響で、野蛮なイメージが刷り込まれていた可能性もある。でもしばらく一緒に過ごすうちに、だんだんとゴリラの素顔が見えてきた。群れを司（つかさど）るシルバーバックは筋骨隆々で巨大なうえに、想像を絶する怪力の持ち主だが、子煩悩で仲間の面倒見がとてもよい。研究対象とされて、長い間、人を見慣れてきたせいもあるが、我々が近づいてもいきなり襲いかかってくるようなことはない。とはいえ安全な動物だと断定はできないが、少なくとも刺激しないよう静かに接している限りでは、ゴリラが日常のペースを乱すことはない。遊び好きで争いを好まず、ファミリーの絆も固い、平和な生き物といった印象を強く感じた。

あるとき、薮に阻まれることのない、見通しの良い場所にたたずむ巨大なシルバーバックを見つけた。少しずつにじり寄って3メートルまで近づき撮影していたら、産まれたての赤ん坊を抱えた母ゴリラが、レンズの目の前に顔を出して来た。絶好のチャンス到来にシャッターを四回切ったところで突然、母ゴリラに腕を掴（つか）まれた。撮るな、もしくはこんなに近くから撮るなということだろう。カメラを降ろしジッとする僕を見つめたままの母ゴリラ。永遠とも思える数秒が過ぎ去る。ゆっくりと少しだけ下がってから、ふたたびシャッターを切った。すると母ゴリラは黙って許容してくれた。

火山群から少し離れた場所にあるウガンダのブウィンディも、たくさんのグループが生息している。このジャングルもまた、険しい山並みが続き、日によっては数時間の行程を余儀なくされる。この地でしばらく取材を続け、終盤のあと残り二日というときに、右足の親指が化膿しはじめた。はじめはあまり気にしていなかったのだが、痛みがだんだん激しくなり、右足を着いて歩けないほどになった。化膿はどんどん激しく、紫色に大きく膨らみ、自分だけでは対処しきれなくなった。しかたがないので、滞在している村の診療所に行くことにした。旅の間中ずっと雇っているドライバーに送ってもらい、ドクターの診療を受けた。すると簡単には手の施しようがないらしく、手術するという。こんな地の果ての村の診療所で手術を受けるなど、もっての他だと青くなった。

ちょうどこの時期、エボラ出血熱がこの地で流行っていたし、手術器具の使い回しでHIVの二次感染などの可能性も取りざたされていた。懸念する事柄がたくさんありすぎたが、しかし、痛みが激しくてどうしようもない。このまま放っておいても、事態は悪くなる一方なのは明らかだ。最悪は、指の切断にまでなりかねない。なかば、もうどうにでもなれという気持ちで、手術を受けることにした。

ゴリラのすむ山にほど近い村の子どもたち。

全身麻酔と局部麻酔の二本を打たれ、しばらくすると朦朧(もうろう)としてきた。意識はあるが夢見心地の状態で、患部の痛みも遠ざかりはじめた。ふわふわとした世界があまりに気持ち良く、こんな状況が楽しく思えてくる。ドクターが手術の準備をし始めるのをきちんと見届けなければという意識を持ちながら、手術台に横になりぼんやりとその光景を眺めていた。

シャープな顔つきをした若いドクターが取り出したのは、いわゆるメスではなく、カッターの刃だった。そんなもので切開するのかと一気に不安になり、その旨を伝えたが、心配するなと諭された。幸い、密封された新品の刃であり、使い回しでなかったことで多少安心はしたのだが。化膿した部分を全部切り取り、爪も全部剥(は)がして包帯がまかれた。ドクターにお礼を言い、診療所を後にした。

ロッジに戻ってベッドに横になり、朦朧としていた。しばらくは気持ちのいい麻酔の世界に浸れていたのだが、麻酔が切れるとジンジンとした痛みがぶり返し、痛み止めを飲んでもほとんど効かず、まったく眠れないきつい夜を過ごす羽目になった。取材の最終日は、山に行くことができずに諦めなければならなかった。せっかくこんなところまで来ていながら、怪我のせいで撮影できなくなったことが無念でくやしかった。だが、フィールドではなにが起こるか分からない。命に別状がなかっただけでも良しとしなければ。

後日、日本に帰国して二日程経った時、風呂場で鼻をかむと、小指先大の銀色の玉が飛び出してきた。何だろうと思ってしばらく眺めていたら、そのうちウニウニと玉が開き始め、無数の脚が動き出した。ダニである。いつの間にか鼻の奥に寄生し、アフリカから日本へとやって来てしまったのだ。まったく違和感がなく、気づかなかった。微に入り細に入り、執拗に僕を驚かせてくれる偉大なるアフリカ。肥大したダニを潰すと、真っ赤な鮮血が飛び散った。

研究者によれば、群れの雌が他の雄の子を連れているケースで、子殺しが行われた報告もあり、僕が目にした姿はゴリラの奥深い生態のほんの一面でしかないことは容易に想像できる。ジョージ・シャラーやダイアン・フォッシーらがゴリラ研究の礎を築き、現代も世界各国第一線の研究者が精力的に生態解明に挑んでおり、五十年前まではまったくの謎だったゴリラの生態が近年詳しく解明されつつある。ゴリラの生息環境は深刻な状況であり、木材の伐採や鉱物資源採掘のために熱帯雨林が切り開かれ、年々その面積が縮小していくとともに密猟も横行し、ブッシュミートと呼ぶ食用肉として流通されるケースも多い。

またゴリラの生息する国が政情不安で内戦をおこしたことや、エボラ出血熱の流行によって大量のゴリラが感染死するなどの事態も状況を悪化させている。その一方で、関係国が連携し生息地を厳重に管理し、レンジャーや獣医を常駐させてゴリラを保護する活動もさかんになり、世界中のNGOも積極的にゴリラ保護に努めるようになってきた。そうした努力の甲斐があって、最近ではわずかながらゴリラの数が増えてきている。

人間と最も近いヒト科のユニークな仲間であるゴリラ。山の上にはゴリラがいて、裾野から平野にかけては人間が暮らしている。この地の営みを見ていると、地理的なことはおろか、生き物としての境界線すら曖昧に思えてしまう。そしてそれは、それほど的外れなことではないような気がする。彼らを見つめると、思慮深そうな穏やかな瞳をたたえ、僕をじっと見つめ返してくる。

チンパンジーを追って

ゴリラの魅力に取りつかれて取材を続けるうちに、ゴリラの仲間であるすべての大型類人猿を追ってみたいと思うようになった。どのように進めれば良いのか、具体的な段取りの想像はつかなかったが、一歩ずつしっかり取り組んで成果をあげれば、きっと良い仕事になるという予感はあった。大型類人猿は、ゴリラ、チンパンジー、ボノボ、オランウータンの四種。チンパンジーは、アフリカの割と広範囲に生息している。マウンテンゴリラの取材で訪れたウガンダにもすんでいる。ゴリラと並行して取材のできるウガンダで、チンパンジーを追ってみようと思った。

羽田発の飛行機に乗り込み、まずは中東のドバイまで。そこでトランジットし、ウガンダのエンテベ国際空港に到着する。すでに馴染みの空港だ。機内にいる時間が十八時間。待ち時間を合わせると丸一日の行程となる。アフリカ行きの飛行機は、荷物制限がとても厳しい。機内持ち込みが7キロと決まっていたら、きっちり7キロにしないと乗せてくれない。預け荷物の重量制限も厳格だ。重量オーバーすると、しっかりと高額な追加料金を取られる。僕の機材はかなりの量と重さになるので、通常だと規定内に収まることは無い。

北米路線はその点緩やかで、あまりうるさいことを言われないので気が楽だ。カメラやレンズなどは、できれば機内持ち込みにしたいのだが、アフリカ路線だと難しい。パソコンだってである。毎回チェックインカウンターで交渉を行うのだが、これが心身ともにかなり疲労する。あるときなどは、どうしても預けたくないときに、持ち込み荷物に入れず、まるでコンパクトカメラをぶらさげるかのように、一眼レフと６００ミリレンズを首からさげて機乗したこともある。

かなり無理があるとは我ながら思うのだが、預け荷物がばんばん投げられてひどい扱いをされるのを知っているので、しかたがない。それでもどうしても預けなくてはならないときもあり、そういうときは、緩衝材をこれでもかというほど巻いて、トランクに入れる。

これは日本から出発する場合で、帰国する際の現地の空港では、そこまで厳しくなく、超過料金も日本で支払う金額よりはるかに安い。アフリカに比べ、日本の航空会社は、杓子定規で融通が利かないと毎回思う。乗客と運行の安全を守るためにきっちりと仕事をこなす、良い面ではあるのは理解しているのだが。

ただ、アフリカの空港でたまにあるのが賄賂の要求。機材をたくさん持っていると、売るつもりだろうとか因縁をつけられ、空港職員に引き止められる。一度は１０００ドル位要求されたことがあり、辟易した。払う必要はまったく無いのだが、散々交渉したあげく、１００ドル渡してようやく空港から出られたこともある。まったく油断も隙もないものだ。

ウガンダの首都カンパラから、古いランドクルーザーに機材を積み込み出発する。舗装路は都市周辺と数少ない幹線道路だけで、あとはガタガタの未舗装路となる。硬い板バネのサスペンションに突き上げられながら5時間走り、ようやくチンパンジーのすむキバレの森へとたどり着いた。その日はロッジでゆっくりと休み、翌日の未明から森に入った。少し肌寒いくらいだが、起伏の激しい森のなかを歩けば、すぐに汗が滲んでくる。獣道にはゾウの大きな糞がたくさん転がっている。

ライフルを持ったレンジャーと一緒に行動するのだが、ライフルは森のなかで万が一ゾウに襲われたときのための用心のようだ。ゾウが怖いとはよく聞く。しかし僕は一度も怖い目にあったことはないので、実感としてゾウの怖さを知らない。

しばらく歩くと、がさがさと下草をゆらしながら移動をする群れを見つけた。チンパンジーだ。何頭いるのか分からないが、ひとかたまりにはならず、みなそれぞれ好き勝手に動いているように見える。一頭のオスに目星をつけて、追ってみることにした。トレクリアという大きなパンノキの実を両手で持ってかじりついている。ひとしきり果実を食べたあと、オスは四肢を使って足早に歩き始めた。チンパンジーの歩くスピードは、見た目よりもかなり速い。足場の悪い森のなかを、藪こぎしながらついていくのは容易ではない。しばらく歩いた後、オスは巨大なイチジクの古木で足を止め、板状根の上に座った。背中を向けていたので、僕は遠巻きに回り込んでオスの横から数カットを撮り、そのあと急いで、しかし動きはゆっくりと正面10メートルほどのところに移動した。

カメラを構え、僕はハッと息を呑んだ。鬱蒼としたジャングルでありながら、古木の太い幹が抜け良くはっきりと見え、根の上に座り、どこか遠くを見つめるようなチンパンジーの表情も雰囲気がある。この森とチンパンジーを表す絶好の光景だと思った。野生のチンパンジーを初めて撮影したこの時以降、これほど抜けの良い状況に出会ったことは、その後一度もない。これもひとつのビギナーズラックなのかもしれない。

森に入る時の機材は、16〜35ミリ超広角ズーム、24〜105ミリ標準ズーム、70〜300ミリ望遠ズームの三本。それに二台のボディだ。三脚は使わず、すべて手持ちで撮影をする。とにかく身軽に、藪をくぐり抜けて追い続けることが重要だ。ジャングルのなかはかなり暗い。開放値の暗いズームレンズを使うとシャッタースピードが遅く、ブレた写真ばかりになってしまうが、最近のデジタル一眼レフカメラの高感度特性が優れているので、

気が良く、親切なキバレの森のレンジャー。

感度を上げて撮影すれば、ほとんどのケースでブレの無い、しっかりとした描写ができる。
フィルム時代であったら撮れなかった写真が、最新のカメラなら撮れるようになった。機材の進化で、これまでとらえられなかった野生動物のまだ見ぬ一瞬を、克明にとらえられるようになってきたのだ。

キバレの森から車で数時間のところに、ブドンゴの森がある。ここもチンパンジーの主要な生息地であるので、予定を組んで滞在してみることにした。訪れた初日に森に入ると、二組の親子に出会った。しかし樹上高くにいたために、まともな写真は撮れず、早々に森から出てきた。翌朝早くに昼飯持参で森へと入って行ったのだが、突然ひどい腹痛に襲われた。昨晩食べた牛の煮込みライスが原因だろう。おかわりまでして味は悪くなかったのだが。痛みをこらえながらフラフラになって森のなかを徘徊するも、チンパンジーにはまるで出会えない。途中で何度も用をたすが、水のようなひどい下痢でコンディションは最悪。さらには土砂降りの雨に見舞われ意気消沈し、日暮れを待たずに森から出た。

この日はとうとう一度もチンパンジーに会えなかった。食欲もなく、胃薬やら風邪薬やらを片っ端から飲んで、すぐに寝てしまった。長く取材を続けていると、ときにはこういった状況に陥ることもある。しかたがないことだ。幸い、翌日には多少具合もよくなったが、チンパンジーとの出会いがほとんどなく、キバレの森へと戻ることにした。道中、町の薬屋によって、腹痛の薬を買った。アフリカでは、日本から持ってきた薬より、現地の薬の方がよく効くのだ。

ある時、けたたましい叫び声をあげて、チンパンジーたちが樹上を縦横無尽に駆け巡っていた。一頭の雄が手に大きな黒いものを持ってかじりつき、それを奪おうと他の雄たちが追いかけ回している。奪い合っているのは肉片と化したオナガザルだ。腕の皮をはいで肉を食べている。

猿を喰うチンパンジー。肉食動物が獲物を奪い合い、肉を貪るのとはなにかが違った。直視するのをはばかる光景のような、自然の摂理を超えた衝撃を感じてしまう。もちろん、ごく自然な営みではあるのだが。大型類人猿のなかで唯一肉を食べる彼ら。その姿は限りなく人間と重なって見えた。

四頭の雄の集団を追いながら撮影をしていた時、移動の途中で皆が地面に横たわり、休憩をし始めた。そのとき行動を共にしていたレンジャーが無線でやりとりをし始め、離れたところで遭難者が出たからちょっと様子を見てくると言い、行ってしまった。そのうち雷がなり始め、雨が降り出してきた。僕はポンチョのフードをかぶり、大粒の雨に打たれながら、ひとりじっとしていた。雄たちは雨に濡れながらも昼寝をしている。

しばらくして、僕はふと、この状況を冷静に考えてみた。ジャングルの奥地でたったひとり、チンパンジーの雄四頭と共にいる。チンパンジーの雄は体も大きく力も強い。それに牙も鋭い。襲う気になれば、僕などはひとたまりもないだろう。しかもそんな生き物が間近に四頭もいるのだ。最悪の事態になる可能性は常に秘めている。だが大丈夫だろう。彼らは人間に最も近い頭脳をもっている。彼らなりに考え、無用な争いは避けるはずだ。だが、知能が高いからこそ不気味でもある。そして僕らと同じ狂気を秘めているのがありありと分かる。大型類人猿のなかにおいて、気まぐれで破天荒なチンパンジーこそ、一番ヒトに類似していると僕は思う。

チンパンジーは人の精神状態を見極めるという。僕が彼らに対して恐れを抱いていたら、その気持ちが伝わるかもしれない。それは僕の立場を危うくする。そうならぬよう冷静に、自分の立場が強固で優位であることを意識し、しかし決して敵になりうることはないという心構えを念じ続ける。まるで滑稽な話かもしれない。でも僕はいつでも真剣にそういったことをしている。

「森のひと」オランウータン

赤道直下のボルネオ島。眼下には起伏の少ない熱帯多雨林が延々と広がっている。ボルネオ島は、マレーシア、ブルネイ、インドネシアの三ヶ国で領有しており、僕はジャカルタから国内線に乗り、南側のインドネシア領を訪れた。日本と経度差がわずかで時差が一時間なので、時差ボケの心配もない。海外取材では、いかに時差ボケを乗り切るかが重要な課題である。

ボルネオ島を訪れた理由はたったひとつ、オランウータンに会うためだ。世界の大型類人猿四種のうち、ゴリラ、チンパンジー、ボノボはアフリカにすみ、唯一オランウータンだけは東南アジアにすむ。そのオランウータンも、スマトラ島にすむスマトラオランウータンと、ボルネオ島にすむボルネオオランウータンの二亜種に分かれている。

すでにゴリラとチンパンジーの取材を進めており、次に取り掛かるのはオランウータンと決めていた。オランウータンはジャングルにすみ、枝を掴むことに特化した手足で、生涯の多くを樹上で過ごしている。時々鳥や卵、昆虫などを食べるのだが、基本的にはベジタリアンで、植物や果実を主食としている。

ボルネオ島の南部では豊富な水を湛(たた)えた熱帯雨林から、幾筋もの川の流れがジャワ海へ

クロトックとスタッフたち。

とそそいでいる。オランウータンのすむ密林へ行くためには、そのうちの一つの川を、船で半日ほど遡（さかのぼ）らなければならない。近隣の町でクロトックと呼ばれる屋形船のような船をチャーターし、奥地へと向けて出航した。ジャングルのなかでは、このクロトックで寝泊まりし、食事もし、取材を行う。クルーは船を司（つかさど）る船長のヤーディー、コックのピーイー、手伝いの少年タガル、それに撮影に同行するガイドのバイン四人だ。バインはボルネオ生まれで三十代半ば、ガイドになる前は、オランウータンのすむ森でレンジャーをしていた。森のことも、オランウータンとの接し方もよく分かっている、頼もしくて気のいい男だ。

川幅の広い河口から上流へと向かうにつれ、だんだんと川幅が狭くなってくる。水はタンニンをたっぷりと含んでいるようで、濃い紅茶のような色をしている。川岸を覆うように生える木々の上では、テナガザルや鼻の大きなテングザルが、枝から枝へ飛び移るように移動しながら葉を食べている。川を遡ること数時間、いくつかあるうちの最初のフィールドへと到着した。

川岸に船をつけ、ジャングルの奥へと歩いていく。キーン、キーンと甲高い虫の声が鳴り響く森のなかを歩くと、いつものことながら大量の汗が流れ落ちる。赤道直下の強烈な日差しは木々に遮られ、気温はさほど高くは感じないが、湿度が１００％近いからだろう。

獣道を森の奥へとしばらく進むうちに、樹上にいる雄のオランウータンを見つけた。フランジと呼ばれる、両頬がグッと張り出した、この周辺をテリトリーとするボスだ。張り

森のなかの作業小屋にいた雌とツーショット。

出した頬自体をフランジというのだが、単にボスを指す意味だけにも使う。

雄には不思議な習性があり、テリトリーを掌握すると顔の両脇がだんだんと張り出してきて、顔が大きくなる。これはボスになった雄だけに限られる現象で、ボス以外の雄はフランジができない。ホルモンが影響を及ぼしているのだろうが、どのような仕組みでそうなるかは未だ解明されていない。フランジの雄に近づくのは気を使う。やたらに攻撃的な生き物ではないのだが、体は大きく、力も強い。様々な動物たちと同様、様子をうかがい、僕が脅威にはならないことを伝えながらの接近となる。当然、エリアが変わればフランジの雄も変わり、それぞれの性格も異なってくる。血気盛んな若いフランジもいれば、穏やかな老年のフランジもいる。それぞれの個性を見極めながら、対峙しなければならない。

しかしこの森は暑い。初めは他の撮影地同様長ズボンを履いていたが、尋常ではないほど汗をかくので、しばらく滞在するうちに、Tシャツに短パンという格好に変化していった。他ではそのような格好で撮影することはないが、ここでは特別だ。夜が明けると森に入り、夕方に撮影を終える毎日を繰り返した。

ある時、小さな子どもを連れた母子に出会った。警戒心を抱かせぬよう、そっと近づく。雌は雄に比べて体の大きさが半分程のイメージで、かなり親しみやすい。母子は三年程授乳をし、7~10歳位になると子どもは独立する。これだけ長く一緒に過ごすのは、野生動物のなかでは珍しい。やはり同じヒト科の仲間として、人間に近いのだなと感じる。

樹上で過ごしていた母子。

オランウータンは好奇心がとても強く、撮影しているとそばに寄ってきて、服を引っ張ったり、髪の毛を触ったりする。雌は躊躇なくそういう行動に出るが、子どもは多少おっかなびっくりといった様子だ。ただ、僕がそのように身を任せるのも、おとなしい雌と子どもだけで、体が大きく力持ちのボスや大人の雄の場合は危ないので、間近に寄ってきたら、静かに逃げるようにしている。しかし、シャッターチャンスが訪れた時は、意を決して火中に飛び込むこともある。

立派なフランジの雄が獣道の脇で木の幹を背中に座っていた。僕は少しずつ近寄り、最後は50㎝ほどまでにじり寄り、雄の大きな体全体を超広角レンズでとらえた。肉眼だと恐怖が強いのだが、カメラのファインダーを覗きながら近づくと、不思議と恐怖感が薄れる。最悪殴られるくらいの覚悟はしたが、幸いその雄は僕のことを放っておいてくれた。

オランウータンと見つめ合うのは、コミュニケーションとしてとても有効である。ニホンザルなどは怒りをあらわにするが、大型類人猿は穏やかに見つめ返してくる。まるで言語を超えた領域で、通じる術があることを教えてくれているようだ。

百年前と比べると、オランウータンはその数を五分の一にまで減らしているという。展示用やペットとして大量に密猟されつづけたことや、大規模な森林火災の影響。さらには、栽培効率の良いパーム油を得るためのアブラヤシのプランテーションを作るため、ここボルネオ島でも数十年の間で、破滅的な勢いで熱帯雨林の面積を減らしている。熱帯雨林がなければ、樹上生活者のオランウータンは、自然界で生きてはゆけない。

ただ近年では、行き過ぎた開拓に歯止めをかけるために、様々な保護活動が盛んになってきている。熱帯雨林はオランウータンだけでなく、他の動植物たちや我々人間にとっても貴重で大切な自然であるのは言うまでもない。欲望に裏打ちされた効率を求めることで、とり返しのつかない結末になってしまったら、悲劇と割り切るどころでは済まないのだ。

オランウータンたちは、濃い森の緑に体毛の緋色（ひいろ）がとても映え、そして馴染んでいた。人に類する猿。島の人々は愛情と畏敬の念をもって彼らを「森のひと」と呼ぶ。

カメルーンのプチサバンナ

２０１３年の夏、環境保全団体であるＷＷＦ（世界自然保護基金）の依頼を受けて、三週間ほど中部アフリカのカメルーンを訪れた。初めての国である。日本からはパリ経由で首都ヤウンデに入った。

この時にトランジットしたパリで一泊したのだが、ヨーロッパも僕は初めてだった。さてこれからパリ見物に出かけようとした矢先、ホテルのエレベーターで先に乗っていたフランス人に突然、エレベーターから降りろと言われ、肩を押された。僕がアジア人であるため人種差別を受けたのだ。外国に行けば、多少そうしたニュアンスの事柄にはぶつかるが、これほどあからさまに差別を受けたのは初めてだったので、かなりショックを受けた。でもこれから撮影も控えているし、気持ちを切り替えていこうと思い、地下鉄を使ってパリの街へ出かけた。そして名所旧跡を散策し、腹一杯おいしいもので満たし、やりきれない気持ちをなんとか鎮めようとした。

　アフリカはその昔、ヨーロッパの植民地支配や内戦、大戦後のハンティングブームなどで、大きく疲弊していた。自然環境も日ごとに破壊が進む状況だ。目的地のロベケ国立公園は、環境破壊の進むアフリカにあって、容易に人が近づくことができない深い森であったために、ほぼ手付かずのままの自然が残された。そのため、昔からこの地に生息するゴリラやチンパンジー、マルミミゾウ、ヒョウなどの大型哺乳類も生き延びることができたのだ。

　そのように貴重な土地であるのだが、近年大きな問題がおこっている。密猟だ。高性能の武器と探査機をそろえた国際的な犯罪組織に、象牙が狙われているのだ。内戦をしている近隣諸国の民兵も、武器をもって国境を越え、この広大な森に入りこんで野生動物を狩猟したり、金儲けのために密猟に手を染めたりしている。そうした現状も含め、ここロベケの豊かな自然の大切さを世界に広く伝えるべく、活動している状況も交えて写真を撮る

野営地にて。取材チームのメンバーたち。

こととなった。ジャングルのなかを徒歩で移動し、キャンプを転々と変えながら撮影をしていくのだ。国立公園のレンジャーやＷＷＦのスタッフ、森の民バカ・ピグミー族たちの協力を得て、十人程でチームを組んで取材を行った。大量の撮影機材、野営道具や調理器具、水、食材などは、全員で手分けして担いだ。みな屈強な野性児ばかりだ。僕は当然ペットボトルのミネラルウォーターを飲むが、ときに現地の人は、移動中に森のなま水を飲んだりしている。それでも当たり前のように体調を崩さない。

ジャングルを熟知し、動物の痕跡を見ながら追いかけるトラッカーは、バカ・ピグミー族のプチ・ジョンという男だ。彼と初めて会った（見かけた）のは、村で行われていたサッカーの試合の時だ。バカ・ピグミー族の人々は、近隣にすむ農耕民バンツーの人たちより、一回り小柄な体型をしている。プチ・ジョンはへべれけに酔っ払いながら、試合に出ているわけではないのにフィールド内をちょこまかと走り回り、バンツーの人たちに怒鳴られていた。

なんだかすごい人がいるなあと半ば感心していたのだが、その彼がこの取材でとても重要な役目となるトラッカーだったのだ。プチ・ジョンは酒が大好きで、村にいるときはいつも酔っ払っているのだが、ひとたびジャングルに入ると顔つきが変わり、とても凛々（りり）しくてシャイな男となる。ペラペラのサンダルのようなものを履きながら、尋常でないスピードでジャングルを駆け抜け動物を見つけるその姿は、自分と同じ人間とは到底思えない

遠くを見つめる
プチ・ジョン。

野性的な凄みを持っている。

ジャングルの奥深くに、プチサバンナと呼ばれるそこだけ開けた草原地帯がある。ここでは早朝と夕方の二度、ヨウム（オウム目インコ科）とアオバトの大乱舞を見ることができる。大乱舞とひと言では到底表せない、それはそれはとてつもない光景である。ヨウムとアオバトの大群が交代で、ぐるぐると上空を旋回しながら、真っ黒になるほど空を埋め尽くしているのだ。僕は、プチ・ジョンたちがそのへんの木や大きな葉で作ってくれた、小屋のようなブラインドに隠れて、その光景を撮影することにした。大群が頭上を飛ぶ時は、台風のような風が巻き起こり、ブラインドがザワザワと揺れる。生まれて初めての体験だ。

なんとかこのダイナミックな光景を最大限伝えられるように、あの手この手でシャッターを切ってはみたものの、なかなか目の前の感動を切りとることができない。群れが巻き起こす大風さえも写し込みたいのに。

難しい。

表現の壁にぶちあたって自信喪失したが、落ちこんでうなだれている暇はない。目の前では、壮大なスペクタクルが依然繰り広げられているのだ。とにかく懸命に撮影を続けた。しばらく旋回した鳥たちは、おもむろに地面に降り立ち、地表をつつき始める。湿地の草や土をついばみ、ミネラルを補給しているのだ。まず最初にアオバトが降り立ち、その後

プチ・ジョンたちが作ってくれたブラインドは効果抜群。

しばらく経ってからヨウムが降りてくる。なぜかというと、地表に降りるとタカやワシ、マングースなどが、次々と襲いかかってくるからだ。アオバトが地表でひとしきり襲われ、捕食者たちが満足を覚えたあと、それを樹上で見ていたヨウムたちが、ようやく降りてくる。ヨウムは人の言葉を上手に真似るペットとして、とても人気がある頭の良い鳥である。アオバトに犠牲になってもらい、場が落ち着いたあとで、自分たちは悠々と食事にありつくというわけだ。

夕暮れて撮影を終えてキャンプに戻ると、我らのコックが晩飯を作ってくれている。パスタやピラフのようなものもよく出るが、キャッサバとサーディンのトマトソース煮がことのほか多い。キャッサバとは植物の根を粉にし、それを湯で溶いて丸めた餅のようなものだ。この組み合わせは最高で、頻繁に出てきても飽きずに毎回楽しめた。カメルーンはフランス統治が長く、料理の味付けもなかなか洗練されている。これまで訪れた東アフリカの国々はイギリス統治だった国が多く、料理の味を比べてみるとその差は歴然としている。

ジャングルでの一日が終わる頃には、身体は汗をかくだけかいてベトベトになっている。現地の連中は、そんなことを気にすることなく平気な顔をしている。しかし僕はできることなら身体を洗いたい。そこで川に行って水浴びをすることにした。夜、ヘッドランプをつけて仲間を伴い、キャンプから100メートル位離れたところを流れる川へ行く。川

ジャングルの夜、小さな川で水浴びをする。

といっても幅がせいぜい1、2メートルで流れはほとんど無く、水深は足首くらいのものだ。水は茶色く、中になにがひそんでいるかは分からないが、あまり深く考えずに入ることにした。仲間の一人にヒョウやゾウが現れないか見張っていてもらいながら、極めて浅い水たまりで、両手で水をすくいながら洗う。さらには、なるべく水深の深い場所を探して寝転んだりもする。これだけでも見違えるほど気分は爽快になる。そしてぬかるんだ道をテントに戻って快適に眠るのだ。

プチサバンナにはゴリラも現れる。ニシローランドゴリラだ。藪のなかから開けたところに出てくるのだが、非常に警戒心が強い。はじめに一頭だけが出てきて様子を探り、危険がないと判断するとファミリーが全員出てきて、カヤツリグサなどを食べ始める。シルバーバックが最初に出てくるとは限らず、ナンバー2やナンバー3が出てくることも多い。

かなり距離が離れていたこともあり、僕は隠れることなく堂々と撮影をしていたら、シルバーバックがジッとこちらを凝視したかと思うと、みんなを引き連れて森のなかへと戻って行ってしまった。人の姿を見ることがないロベケのゴリラたちは、想像以上に神経質だ。それ以来、僕は木の陰に隠れながら撮影をするようにした。ある時などは、隠れている僕のそば10メートル程のところまでやってきたことがある。息をひそめて様子をうかがい、祈るような気持ちでシャッターを切った。ゴリラは、なにかおかしいなという顔をしていたが、しばらく草を食べて立ち去るまで、僕の存在には気がつかなかった。

密猟現場の惨状を
憂うレンジャーたち。

マルミミゾウも警戒心が強い。昔は人の周りを平気で歩いていたそうだが、象牙目当ての密猟が横行しはじめると、途端に姿を現さなくなったそうだ。ゾウが利口な生き物であることは知っていたが、その事実を思い起こさせる。遥か彼方にいるマルミミゾウを見つけた時も、物陰に隠れながら撮影しなくてはならなかった。そこまでしても顔をこっちに向けていると、ひょっとすると僕の存在が分かっているのではないかと気が気ではなかった。

ジャングルを移動しているとき、ゾウの骨が散乱している場所に出くわした。密猟の現場だ。チェーンソーで象牙を切り取られた頭蓋骨には、自動小銃の弾丸による無数の穴が開いている。その穴のなかで、たくさんの蛆（うじ）虫が干からびて死んでいる。傍らには、黒くて丸いお皿のようなものが落ちている。よく見ると、それはゾウの足の裏の皮だった。レンジャーたちが密猟者たちを追うのも、まさに命がけの仕事である。後日、レンジャーステーションを訪ねると、押収された無数の象牙が転がっていた。

象牙の需要は主に極東アジア。残念ながら日本も例外ではない。「種の保存法」という国の法律で厳しく規制はされているものの、闇のルートで違法な取引が頻繁に行われているのが現状だ。僕らは一人一人考え方や価値観、世界の見方が異なる個の集団である。法律というのは多数決で決まり、ベターな方向性をもつかもしれない。でもそれは善悪を超えたところで確かな真実にはなり得ず、真実が表れるのは魂の根底からだけではないだろうか。

　ロベケを離れるとき、プチ・ジョンの家に寄った。適当に作ったような板張りの小屋から奥さんと子どもと一緒にプチ・ジョンが出てきた。なにかプレゼントしようと思ったが、これといったものが見当たらず、しかたなく着ていたパタゴニアのTシャツと、ウイスキーのヒップボトルを渡した。汗臭いTシャツはどうということはなかったが、ウイスキーは満面の笑みで喜んでくれた。

ボノボ「最後の類人猿」

　高温多湿で起伏の激しい森のなかを未明から歩いていた。何時間歩いただろうか、かなり遠くの樹上に彼らがいるのを見つける。人慣れしていない彼らを驚かせないように、ゆっくりと近づいていく。密集する木々のわずかな隙間から、一頭のボノボが垣間見えた。この距離ならば容認してくれるのだろうか。呼吸を整え僕が見つめると、彼も見つめ返す。絡む視線で互いの意思を伝えあう。しばらくの時が過ぎ、警戒を少しだけ解いた彼は、僕から目を逸らす。ときおり見せる表情や仕草から、彼はヒトなんだと思った。コンゴ川

樹上にたたずむ
ボノボ。

流域に広がるマレボの熱帯多雨林。この原始の森のなかで「最後の類人猿」と呼ばれるボノボが暮らしている。

カメルーンから帰国してひと月後、僕は再び成田発パリ行きの飛行機に乗っていた。パリではある人と合流する予定となっている。それは京都大学野生動物研究センター教授の伊谷原一（いだにげんいち）さんで、チンパンジーやボノボ研究の第一人者である。伊谷さんの父である伊谷純一郎さんは、類人猿研究の祖として著名な方で、チンパンジーに関する著作などを僕は読んでいた。今回のボノボ取材は、伊谷さんのフィールドワークに同行させてもらう形で実現した。初めて会ったのがここパリで、同じホテルを取って晩飯を共にし、いろいろとお互いの話を交わした。

翌朝、コンゴ民主共和国の首都キンシャサに向けてフライト。夜7時に到着した。初めてのコンゴだが、そうとう危険な国だと聞かされていて、飛行機から降りるころから緊張しはじめた。内戦や紛争が頻繁に起こっており、山にはゲリラがうじゃうじゃいて、ひどい政情不安な国だと。なんでも渋滞で止まっている車から、荷物を強奪されることも日常茶飯事らしい。空港には伊谷さんの古くからの知人であるコンゴ人スタッフが迎えに来ており、さっそく車に乗り込んで街に向けて走りはじめた。電灯の量が圧倒的に少なく、街は暗い。その暗いなかで大勢の人間がうごめいている。いたるところで焚き火が焚かれ、煙や小便や肉の焼ける匂いがごちゃまぜとなって車内に入ってくる。でもそれはどこか懐

全身真っ赤な正装で迎えてくれた村の長老。

かしい、郷愁をそそるような匂いでもある。キンシャサのホテルでWWFの岡安直比さんと合流する。岡安さんは、カメルーン取材のときに同行した研究者で、伊谷さんの後輩でもある。この三人でマレボの森へと向かうのだ。

翌日、チャーター機で途中の町であるニオキまで飛ぶ。今日はここで一泊するので、川沿いのマーケットを散策してぶらぶらと過ごした。次の日、車で出発する予定だったのだが、途中の橋が壊れて通行できなくなった。しかたないので復旧するまでニオキで待機することにした。二日間足止めをくらうが橋は復旧せず、これ以上は待てないと判断し、橋の向こう側で別の車をチャーターした。人が渡る簡易的な橋を使い、荷物を載せ換えて、ようやく出発する。未舗装のガタガタ道を十時間以上乗り続け、尻や腰の苦痛が限界に近づいた頃、やっとマレボの森の近隣の村に到着した。

村では土壁と土間で建てられた空き家を借りて、そこを取材の拠点とすることにした。村の長老を訪ね、しばらく森で活動させてもらう了解をとりつける。長老は、帽子も上着もシャツもズボンも、すべて真っ赤な服を着て、帽子には富の象徴である貝殻が付いていた。この村は海からはるかに遠く、昔は貝殻をもっているだけでステータスとなったそうだ。度数のきつい手作りの蒸留酒を振る舞われ、しばらく歓談したのち、おいとました。

村から森の入り口までの移動は、現地の事情により、日によって異なる。自転車のときもあればバイクのときもあり、一度は歩きのときもあった。一日中森のなかを歩き回ってへとへとになりながら道までたどり着き、さらにそこから村まで三時間くらい歩いた。真っ暗闇のなか、ヘッドランプと星明かりだけを頼りに村まで帰った。

滞在後半は、WWFベルギーの施設に滞在することになった。これまで滞在していた村より、さらに森から遠い場所にある。自転車や歩きで森まで行くのは無理なので、一人で行動するときは、施設にあるオフロードバイクを借りた。森まではバイクで一時間ほどの距離で、当然穴ぼこだらけのダートだ。バイク好きの僕は、かなりウキウキした気分でいたのだが、ここには地図や標識などは一切ないので、最初のうちは散々道に迷った。こんなところで道に迷うのは、かなりの恐怖である。さらには、一人で走っていたとき、調子に乗って飛ばしていたら、ぬかるみですっ転んでバイクが動かなくなってしまった。「やばい、ここで動かなくなったら確実に遭難だ」。焦りつつもバイクを点検すると、ただ単にチェーンが外れただけだった。チェーンをかけると無事走ることができて安堵のため息が出た。身体もそうだが、背負っていた機材が無事だったのも幸いだった。

藪が深く、警戒もしているため、ボノボの近くにはなかなか寄れず、アップの写真を撮ることができない。ジレンマを感じながら、しかし出来ることを確実にこなさなければと思い直し、地道に取り組んだ。撮れたカットはかなり少なかったが、出会うことの非常に難しいボノボの撮影ができたので、それでも良しとしなければならない。

取材も終盤になり、二日後にキャンプを出発し、六日間かけて帰国の途につくという頃、突然熱が出て寒気に襲われた。ただの風邪だと思い、薬を飲んで寝ていたのだが、熱が上がったり下がったりと乱高下する。身体もフラフラになり、これはまともじゃないと感じた。そのとき頭をよぎったのがマラリアだ。僕はこれまでマラリアにかかったことが無かったが、症状からするとおそらく間違いない。そこで以前、ウガンダの薬局で買っておいた抗マラリア薬であるアルテキンを飲むことにした。アルテキンは、抗マラリア成分であるアーテスネイトとメフロキンの複合薬である。アーテスネイトが原虫をかなりの確率で殺し、残った原虫を作用時間の長いメフロキンが駆除するとのことだ。さんざんアフリカに通いながら、これまで一度もマラリアにかかることがなく、僕はそうとう油断をしていた。本来なら長袖長ズボンが常時必須であるのに、暑いからといって撮影時以外はTシャツに短パンで過ごし、手足もボコボコになるほど蚊に刺されていた。自ら招いた結果である。

アルテキンと解熱剤を服用し、僕はずっと横になっていた。薬を飲んでも熱は相変わらず上がったり下がったりを繰り返し、関節もギシギシと痛む。

こんな状態でも帰らなくてはならなかったが、ここでまた問題が発生した。帰りはキャンプから70㎞離れた村まで移動し、そこからコンゴ川を丸木舟で200㎞下ってキンシャサへ戻る予定だったが、川まで行くための古いランドクルーザーが、出発する段になって故障してしまったのだ。コンゴ人のスタッフがあれこれ手を尽くすも部品を交換しないと

森から村へ帰る途中に出会った少年。「僕が三脚を持ってやる」と嬉しそうに手伝ってくれた。

ダメだという結論に達した。こんな僻地まで部品が届くのを待っていたら、いつになるのかまるで分からない。車が使えず丸木舟で帰れないとなると、他の方法を探すしかない。

　そこで思いついたのが飛行機だ。無線でキンシャサに連絡を入れ、小型のセスナをチャーターし、ここまで迎えに来てもらうことにした。しかしここには飛行場などはない。どうしたものかと考えあぐねた末、草ぼうぼうの広場を滑走路にすることにした。村人に頼み、総出で草刈りを行った。人海戦術の効果は目に見えて現れ、何とか小型機が発着できそうな広場が出来上がった。僕は寝ていただけだったが少しホッとして、翌日のセスナの到着を待つこととなった。日が明けて、セスナの到着を待っていた。しかし、待てど暮らせど機影は見えず。いやな予感がしてきたが、しばらくすると案の定、今日は行けないとの無線が入った。コンゴでは、たいていのことが一筋縄ではいかないのだ。

　翌朝、軽快なエンジン音を轟かせ、セスナは僕らを迎えに来た。上空に舞い上がり、僕は朦朧としながら、鈍く霞む眼下のコンゴ盆地を見つめていた。やっとのことでキンシャサに戻り、その足で病院に行って検査を受けると、四種類あるマラリアのなかでも、最も危険な熱帯熱マラリアだと言われた。しかし原虫は見当たらないので、たぶん大丈夫だろうとのことだった。症状が出た段階で、すかさず薬を飲んだのが良かったのだろう。

　日本に帰国し、成田空港の検疫でも検査をした。するとやはり熱帯熱マラリアだと診断されたが、ここでも原虫はいないから大丈夫だと言われた。新宿にある国際感染症センターに行くよう勧められ、その足で向かい治療を受けた。念のために投薬を続け、その後しっかりと完治した。そんな出来事も忘れかけたあるとき、日本の街中で献血しようとしたら、丁重に断られてしまった。一度マラリアに罹患すると、一生献血ができないとのことだった。我が血液で人々に貢献できないのは残念だが、職業病と思い諦めるしかない。

ボノボに出会い、大型類人猿四種を野生下においてすべて撮影することができた。その成果は『GREAT　APES　森にすむ人々（小学館）』という写真集にまとめることができた。ゴリラの撮影を始めた頃はまったく考えていなかったが、階段をのぼるうちにやるべき目標が確かなものになってきた。進むうちに現れる分かれ道。どれかひとつを選択し、その先へと歩んでいく。ずっとそれの繰り返しで、その時々の選択が正しかったのかどうかは正直よく分からない。心憂い記憶でも、それがあったからこそ今があると思うからだ。ただ、よりいっそう心の声に耳を傾ける。それしかないのかもしれない。

ボノボ｜コンゴ民主共和国

ベアードバク｜コスタリカ

ミナミハンドウイルカ｜東京都御蔵島

第五章／この先の未来へ

ふと頭に思い浮かぶ動物たち。その動物たちが頻繁に頭をよぎるようになれば、その地に行くことを真剣に考えはじめる。その構想に胸ときめかせ、成否を気にすることなく、しかし必ず傑作をものにしようとこれまで取材に取り組んできた。最初にある程度のイメージは想像するけど、それでも漠然としたものばかりだ。しかし、その漠然としたイメージにいつも背中を押される。

長く仕事を続けていれば、チャンスをものにできなかった屈辱の瞬間を、数多く経験する。逃した傑作に落胆し、いたたまれない悔しい思いに満たされる。でも、そんな状況にも慣れなければいけない。苦い事実を受け入れ、できるだけ早く気持ちの整理をし、さらなる傑作を目指して再スタートをするのだ。

撮影に対して、情熱を保つことも難しい。つねに前だけを見ているわけではなく、横を見たり後ろを振り返ったり、上や下に気を取られ、つまずきながら歩いている。気持ちが萎えることなんていくらでもあるし、写真を撮りたくないときだってある。

ともすれば、体裁を整えるだけの撮影に陥り、熱い生命のストーリーが抜け落ちた、形だけのものとなってしまう。年齢を重ね、体力が落ちるに任せていたら、火を見るよりも明らかだ。それこそが、もっともきつい闘い。精神と肉体のバランスをとり、どちらも健やかでいられるよう心がける。そのうえでピークをどこまで未来にのばせるか、そこにすべてをかける。

写真を撮るなんて、シャッターを押せば誰にでもできる簡単なこと。僕は写真を始めたときからそう感じたし、その考えは現在も変わらない。そもそも簡単でなかったら、僕にもできると思えなかったら、カメラを手にしなかった。ただ、撮りつづけていくうちに、全然難しくはないけれど、奥がとても深いことを知った。

僕になにか特別な才能が備わっているとも思わないし、そもそも動物写真家としての才能がどういうものか、あらたまって言葉にできるほど、確固としたものを持っていない。でもあえて言葉にするとしたら、撮らずにいつづけることができないといったものだろう。なにかこう、モヤモヤとして、いてもたってもいられない。泳ぎつづけていないと死んでしまう魚のようなものだ。

日本や北米から始まり、アフリカやインド、東南アジアへ、さらには中米やオーストラリアにも出かけるようになった。しかしそれらは点でしかなく、僕が見たのはほんのひとかけらの刹那(せつな)だ。狭いようで世界は広い。今は自分があまりイメージできないような、最初の一歩から始める知らない世界に行きたい。

偉大な先人たちの影響は大きい。だからこそ、後を追うようなことをしてはいけない。どうすればよいか?

真正面から頭で考えると混乱するだけなので、自分はいったいなにを望み、なにを望んでいないのか、たとえ片鱗だけでもいいから周囲に惑わされず、落ち着いて心の声を聴くようにしている。気の遠くなるほどに広大な写真表現の大海原において、先人の軌跡をなぞるのではなく、自らの軌跡を残すことこそが表現者の義務と責任だと思うからだ。

　動物写真家は、自分ひとりで行う仕事である。まあ、僕の場合はだけれども。

　メーカーや出版社、代理店などといった強い力をもった多勢とやりとりをし、大小さまざまな駆け引きが生じる。仕事相手が、すべて自分の味方であると勘違いしてはならない。相手によっては、とことん搾取してくることもある。過ぎ去りしときの、戦国の世ほどではないかもしれないけど。ちょっと意地の悪い言い方かな。だとしたら、みな自分に課せられた役どころを懸命に果たそうとしているのだ。

　しかしだ。命がけで取り組み続けているならば、その仕事先の人々のなかに、自分を見出してくれる誰かがいる。それほど多くはないかもしれないが、もしかしたら一人や二人かもしれないが、そういう人は必ずいる。そのためには、常に良い仕事をしつづけなければならない。それ以外に道はない。言うまでもないことだけど。

　お金を稼いだら、必要最低限の生活費を除き、すべて取材費にまわす。ずっとそれを繰り返す。そのサイクルを外れたら、どうなるのか。ストイックを至上とするつもりはないし、どうやら僕自身それとはかけ離れている。誰だっていかにも快適な暮らしがいいに決まっている。でも、満足を覚えない限りそうするしかない。そして、その波のなかで気づく。自分の身の回りにいる人々。現場でサポートをしてくれる人々。世界中それぞれの土地で環境を守り、動物たちを守り続ける人々。そして少なからず僕の写真に期待を寄せてくれる人々。自分の仕事が、そうした名前も顔も知らない大勢の人々によって支えられていることを。その気づきは、この世からの最高の贈り物だ。

今を生きることを実感するのは難しい。でも動物と向き合い、シャッターを切る瞬間に集中することは、まさに今を生きていることではないだろうか。僕が求めているのは、おそらくそんなことかもしれない。明快な答えが出ないまま、これからも人生を歩きつづける。

かれこれ二十年ちかく、動物の写真ひとつで食べてきた。これまでを振り返ってみると、我ながらずいぶんと効率の悪いことばかりをしてきたものだと思う。そう、動物写真家とは、誰もが納得する理路整然として冴えわたった仕事などではなく、確約のまったくないところに飛びこんで、あくまで泥臭く（ほんとうに泥まみれで）地道な一歩を進むしか術のない、あきれるほどに地味な仕事であるのは間違いない。

ただひとつだけ。

動物が好きで、写真が好きだからこの仕事をしている。

エゾリスが樹上でかじっていたクルミをぽとりと落とした。僕はそれを拾って食べてみる。そのクルミはこれまで食べたことのない、とても新鮮で爽やかな、もぎたてのフルーツのような味がした。

作品収蔵

東京都写真美術館
柏崎市立博物館
キヤノンマーケティングジャパン株式会社

著作

『こおりのくにのシロクマおやこ』(2003年、ポプラ社)
『Bear World クマたちの世界』(2007年、青菁社)
『シロクマのねがい』(2007年、青菁社)
『いのしし』(2007年、アリス館)
『生きる命』文・丸山健二　写真・前川貴行(2008年、ポプラ社)
『原寸大どうぶつ館』(2008年、小学館)〈オランダ版、韓国版、シンガポール版(英語)〉
『動物を撮る』写真の学校(2009年、雷鳥社)
『WILD SOUL 極北の生命』(2010年、小学館)
『Animal eyes』(2011年、青菁社)
『北の馬と南の馬』(2011年、あかね書房)
『animalandscape』(2013年、青菁社)
『たくさんのふしぎ　カリブーをさがす旅』(2014年、福音館書店)
『GREAT APES 森にすむ人々』(2015年、小学館)
『クマと旅をする』(2016年、キーステージ21)
『ホッキョクグマの赤ちゃん』文・さえぐさひろこ　写真・前川貴行(2017年、新日本出版社)

TV

『ワイルドライフ』(2013年、NHK-BS)ハクトウワシのムービー撮影担当

映画

『日本列島　いきものたちの物語』(2012年、東宝)ニホンイノシシのムービー撮影担当

写真展

2004年　キヤノンサロン／東京銀座：札幌：福岡：仙台：名古屋：大阪梅田
「Hey! BEAR」
2006年7月20日～8月22日　キヤノンSタワー2Fオープンギャラリー
「動物と昆虫の写真展」～夏休み特別企画～　前川貴行&かとうまさゆき
2007年1月2日～2月18日　東京都写真美術館
日本の新進作家Vol.5「地球(ほし)の旅人 ～新たなネイチャーフォトの挑戦～」
2007年6月30日～8月5日　松本市美術館
「地球(ほし)の旅人 ～新たなネイチャーフォトの挑戦～」巡回展
2007年6月30日～8月5日　調布市文化会館『たづくり』
「生命の輝き」
2007年10月13日～11月25日　新潟県柏崎市立博物館
「The World of Wild Animals ～奇跡の瞬間・前川貴行の世界～」
2008年5月30日～6月5日　富士フイルムフォトサロン　東京
「日本写真協会賞受賞作品展」

2008年7月12日～9月21日　ミュージアムパーク茨城県　自然博物館
第43回企画展「熊 ～森のアンブレラ種～」
2009年7月29日～8月31日　リコーRING CUBE
ほぼ原寸大「銀座どうぶつ園」
2009年9月17日～10月29日　キヤノンギャラリーS
「Arctic 極北・生命の彩り」
2010年6月19日～8月29日　ミュゼふくおかカメラ館
「WILD SOUL 極北の生命」
2011年6月30日～7月6日　フォトギャラリーキタムラ
NATURE PHOTO AID 2011「未来への光」
2012年8月28日～9月3日　SPACE NIO
NATURE PHOTO AID 2012「未来への風」
2013年6月13日～6月29日　Steven Kasher Gallery in New York
「MAEKAWA」
2013年　キヤノンギャラリー／東京銀座：福岡：仙台：大阪梅田
「animalandscape」
2013年　富士フォトギャラリー新宿
NATURE PHOTO AID 2013「未来への色」
2013年11月15日～12月4日　富士フイルムフォトサロン
「生ライフ ～写真がとらえる野性～」
2014年～2015年　キヤノンギャラリー／東京銀座：福岡：仙台：大阪梅田：名古屋：札幌
「The Photographers　一瞬の世界へ」
2015年～2016年　富士フイルムフォトサロン／東京：大阪：札幌：仙台：名古屋：福岡
「GREAT APES ～森にすむ人々～」
2016年4月13日～5月2日　遠鉄百貨店 イ・コ・イ スクエア 6F ギャラリー・ロゼ
「message from the earth」
2016年8月27日～9月11日　銀座 第7ビルギャラリー B1F
EOS 5Dシリーズ「FIVE GRAPHY "Twenty-two" animals」
2016年9月26日～10月22日 Art Gallery M84
『MAEKAWA ～The world of animals～』

TV出演

2008年6月　NHK「いっと6けん」
2009年1月　BS Japan「写真家たちの日本紀行」
2010年9月　テレビ朝日「地球の目撃者」
2013年9月　NHK-BS「ワイルドライフ」
2014年11月　BS朝日「The Photographers」
2014年11月　TBS「情熱大陸」

前川貴行【まえかわ・たかゆき】

1969年、東京都生まれ。動物写真家。エンジニアとしてコンピューター関連会社に勤務した後、26歳の頃から独学で写真を始める。97年より動物写真家・田中光常氏の助手をつとめ、2000年よりフリーの動物写真家としての活動を開始。日本、北米、アフリカ、アジア、そして近年は中米、オセアニアにもそのフィールドを広げ、野生動物の生きる姿をテーマに撮影に取り組み、雑誌、写真集、写真展など、多くのメディアでその作品を発表している。

■ 2008年日本写真協会賞新人賞受賞。
■ 第一回日経ナショナル ジオグラフィック写真賞グランプリ。
■ 公益社団法人日本写真家協会会員。

動物写真家(どうぶつしゃしんか)という仕事(しごと)

2017年9月10日　初　版

写真・文　前川貴行
発行者　田所　稔

郵便番号　151-0051　東京都渋谷区千駄ヶ谷4-25-6
発行所　株式会社　新日本出版社
電話　03（3423）8402（営業）
　　　03（3423）9323（編集）
メール　info@shinnihon-net.co.jp
HP　www.shinnihon-net.co.jp
振替番号　00130-0-13681

ブックデザイン　富澤祐次
プリンティングディレクション　髙栁　昇
印刷　株式会社 東京印書館　　製本　小泉製本株式会社

落丁・乱丁がありましたらおとりかえいたします。

ISBN978-4-406-06162-9 C0095　Printed in Japan